다중물리
3차원 해석

Multi-Physics and Application to 3D Simulation

다중물리 3차원 해석

펴낸날 ｜ 2024년 9월 5일

지은이 ｜ 이승배·이철희
펴낸이 ｜ 허 복 만
펴낸곳 ｜ 야스미디어
등록번호 제10-2569호

편 집 기 획 ｜ 디자인드림
표지디자인 ｜ 디자인일그램

주   소 ｜ 서울시 영등포구 영중로 65, 영원빌딩 327호
전   화 ｜ 02-3143-6651
팩   스 ｜ 02-3143-6652
이메일 ｜ yasmediaa@daum.net
I S B N ｜ 979-11-92979-08-3 (93550)
정가 20,000원

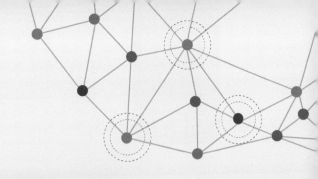

다중물리
3차원 해석

Multi-Physics and Application to 3D Simulation

이승배, 이철희 공저

YAS야스

미래로 나아가려면 개별 기술보다는 메가트렌드를 아는 것이 더욱 중요하다. 제임스 와트의 증기기관 발명으로 대표되는 1차 산업혁명은 당시 수공업에서 공장제 기계공업으로 전환하게 했으며 자본주의의 시작과 새로운 계층의 출현 및 시민사회의 결과로 이어졌다. 토마스 에디슨에 의한 전기 동력과 컴팩트한 유압펌프 및 모터의 발명은 경공업뿐만 아니라 중화학공업의 발전이 가능해져 제국주의 출현과 함께 세계대전을 겪기도 하였지만 인류에게 노동으로부터의 해방을 가져다 주기도 하였다. 기계화된 농업 생산성의 증가는 인류의 인구가 폭발적 증가하는 바탕이 되었고 2000년대 들어서면서 인구 1,000만명을 넘는 메가시티를 거쳐 메타시티로의 도시화가 가속되고 있다. 이를 가능하게 한 것은 3차 산업혁명이라고 불리는 디지털혁명이다.

2차 세계대전 이후 탄생한 수많은 연구 분야 중 하나였던 인공지능은 발전을 거듭하여 체스나 바둑게임, 수학이론의 증명, 자율주행, 시의 창작, 질병의 진단 등 수많은 분야에 걸쳐 인간을 뛰어넘는 성과를 나타내고 있다. 이러한 AI는 사람과 같이 생각하고 행동하려는 생성형 AI 분야와 사람의 한계에 구애 받지 않고 최고의 논리로 생각하고 판단하려는 분야로 나눌 수 있다. 산업에의 AI 접목으로 탄생한 Industry4.0은 4차산업혁명을 주도하고 있으며. 이는 물리적, 디지털, 환경 및 생물학적 영역을 포함하는 융합기술로 나타나고 있다.

Industry4.0은 무한대의 CPU, 무한대 메모리, 무한 네트워크, 무한 클라우드의 초연결 사회로의 진입을 의미하며, 만물인터넷과 빅데이터를 통한 AI 해석으로 현실세계와 사이버세계를 연결하려는 노력이다. 그러나 초격차의 산업계조차도 빅데이터를 통한 AI 해석만으로는 "Breakthrough"를 이룰 수 없으며, 더욱이 지금까지 1D 설계 소프트웨어의 광범위한 활용으로 무장한 추격자에서 선도자로 발전해 온 자동차, 반도체 등의 주요 산업계는 "Multiphysics 3D해석"이라는 새로운 분야의 접목을 간절히 찾고 있는 현실이다.

여러 물리적 현상을 결합하는 시뮬레이션 노력은 시뮬레이션 자체만큼 오래되어 왔으나, 다중물리학 시뮬레이션은 컴퓨터 계산능력의 폭발적 향상과 함께 그 중요성이 계속 부각되고 있다. 개별적 시뮬레이션을 단순히 결합하면 개별적 구성 소프트웨어에 부과되는 제한보다 안정성 및 정확성 관점에서 더욱 심각한 한계가 발생할 수 있으며, 각 요소들의 독립적인 시뮬레이션 반복 계산을 위해 필요한 데이터 이동 및 데이터 구조 변환이 필요하므로 이러한 데이터 구조를 획기적으로 변환하여 각기 다른 물리법칙에 의해 지배되는 다른 스케일의 다양한 이벤트들의 결합 모델을 개발하는 도전이 광범위하게 시도되고 있다.

다중물리시스템은 자체 보존 법칙이나 구성 법칙에 의해 지배되는 한 개 이상의 구성요소로 이루어지게 된다. 이러한 다중물리시스템은 개별 구성 요소들이 중첩되는 영역 내 소스 항이나 구성방정식을 통해 대규모로 결합이 발생되는 경우와 낮은 차원의 이상적인 인터페이스 혹은 좁은 완충지대의 경계조건을 통해 플럭스, 압력 또는 변위 등을 전달하는 경우로 나누어진다.

본서는 다중물리분야에 대한 이해와 최근 다중물리 해석기반 산업체 개발 동향 및 적용분야로부터 시작하여, Multi-scale, Multi-physics의 다양한 지배방정식과 다중물리 해석이론 그리고 Ansys기반 해석사례들을 설명한다. 단행본으로 다중물리의 전체 영역을 다룰 수 없는 한계에도 불구하고, 최근 부각되고 있는 반도체분야의 화학적, 재료적, 전자기적, 기계적 다중물리 3D해석과 설계에의 적용 그리고 모빌리티 전기모터 전자기적 제어 및 재료, 열유동, 고체 진동분야의 다중물리 3D설계와 AI 응용 분야에 기본적 지식과 실습능력을 제공할 것으로 기대한다.

본서는 산업통상자원부 한국산업기술진흥원(KIAT)의 "3D기반건설기계설계해석"과 "스마트건설기계RND" 전문인력양성사업의 지속적인 후원에 힘입어 학부 및 대학원 교과목으로 개발되었으며, 기계 분야뿐만 아니라 다양한 산업분야에 다중물리 해석 및 적용을 가속하며 디지털트윈 분야와의 접목도 예상된다. 끝으로 교재집필에 용기를 주신 야스출판사 허복만사장님과 항상 기도와 격려로 응원해 주는 저자들의 가족들에게 고마운 마음을 전한다.

이승배·이철희

차 례

PART

III 다중물리 해석

PART

IV

다중물리 해석 사례

Part

I

다중물리 개요

다중물리의 정의 및 필요성

1.1 다중물리의 정의

다중물리란?

공학을 전공하여 이를 응용하기 위해서는 관련 지식과 경험이 필요하다. 기계, 전기, 전자, 화학, 토목 공학 등은 모두 물리분야와 밀접한 관계를 가지고 있다. 특히 기계공학에서 다루는 물리는 크게 4대 역학(재료, 열, 유체, 동)으로 구분되며, 이 4대 역학은 전통적인 물리 학문의 일부분이다. 그러나 전통적인 물리분야뿐 아니라 생체역학, 분자입자역학, 전자기학, 양자역학 등의 공학적 응용이 증가하고 있고, 특히 반도체, 자동차 등의 산업체뿐 아니라 우주, 환경, 기후변화 연구 등에 이들 학문들의 통섭적인 적용이라 할 수 있는 다중물리의 중요성이 부각되고 있다. 또한 물리학, 화학 그리고 공학에서의 다양한 스케일은 각각의 스케일에 해당하는 물리현상들이 있으며 이러한 멀티스케일도 다중물리 연구의 필요성을 요구한다. 예를 들면 전자들의 정보를 포함하는 양자역학모델 스케일, 개별적인 원자들에 대한 정보의 분자역학 모델 스케일, 원자 그룹 정보 관련한 coarse-grained 모델의 스케일, 대규모의 원자 또는 분자 그룹의 위치에 대한 정보가 포함되는 중규모 스케일(Mesoscale), 연속체 모델 스케일, 그리고 디바이스 레벨의 스케일 등이 있다.

물리분야 학문의 목적은 자연현상의 구조를 이해하고 설명하는 것에 있다. 물리분야는 천체, 분자 등과 같이 크기(Scale)에 따라 분류되기도 하고, 유체역학, 양자역학, 전자기학 등과 같이 분야별로 나눠질 수 도 있다. 각기 다른 물리분야들을 통합하여 규정되어진 자연현상은 물리법칙에 의해 표현될 수 있다. 유체 역학 분야를 예로 들면 에너지 보존, 질량 보존, 모멘텀 보존 법칙 등으로 표현 할 수 있으며, 이는 자연 현상을 규정하기 위한 기본적인 규칙이라고 할 수 있다.

이렇게 규정된 규칙들을 표현하는 방법 중 자주 쓰이고 일반적으로 사용되는 것은 미분방정식으로 표현하는 것이다. 미분 방정식은 시간, 공간에 대한 상(Phase) 변화를 물리법칙에 근거하여 표현한 것이다. 자연현상을 미분 방정식으로 표현함으로써 우리는 현상에 대한 해(Solution)를 구하게 되며, 해당 현상과 방정식에 대한 이해가 높아지게 된다.

현대에는 이 미분방정식을 연구자가 직접 일일이 풀려고 하지 않는다. 반면 많은 연구자들은 컴퓨터를 활용하여 미분방정식의 해를 구하는 연구를 수행하여 왔고, 그 연구 결과가 정립된 학문이 수치해석 또는 전산해석이다. 다시 정리하자면, 전산해석의 목적은 미분 방정식을 수치해석적인 방법으로 풀어서 해를 구하는 것에 있다. 따라서 자연현상을 미분방정식으로 구현하여 전산해석적 해를 구하는 것이 다중물리해석의 접근이라고 할 수 있다. 그림 1.1.1은 다중물리해석의 정의를 그림으로 간략하게 표현한 것이다. 다중물리해석을 구현하기 위해서는 화학반응, 유체유동, 구조역학, 열전달 등의 다양한 분야들을 서로 연계하여 수치적으로 해결해야 한다. 일반적으로 자연현상을 수치화 및 전산 해석하기 위해서는 서로 다른 자연현상이 연관되어 동시에 발현되는 경우가 일반적이기 때문에 이 자연현상들의 해를 구하기 위해서는 각 현상에 적용할 수 있는 대표 미분방정식을 연성하여 풀어야 한다.

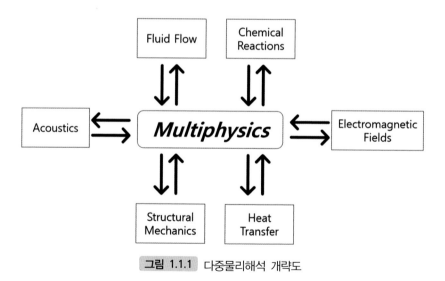

그림 1.1.1 다중물리해석 개략도

다중물리 종류

다중물리는 위에서 서술한 바와 같이 자연현상을 미분방정식으로 표현하여 최적 해를 구하는 것으로 간략하게 표현할 수 있다. 이는 시스템을 모델링 할 때, 적용 대상간의 상호작용을 고려하여 진행할 필요가 있음을 말해준다. 결국 편미분 방정식(PDE, Partial differential Equation)을 이용하여 최적 해를 구하는 것을 의미하며, 이러한 해석의 과정을 연성해석(Co-Simulation)을 통해 실현한다. 연성해석이 적용되는 대표적인 분야는 다음과 같다.

- 열-구조 연성해석
- 유동-구조 연성해석
- 전자기-유동 연성해석
- 열-유동-화학반응 연성해석
- 전자기-열-구조 연성해석
- 전자기-열-구조-유동 연성해석

그림 1.1.2 다중물리해석 예제: DPF필터(열–유동–화학반응), 노즐(음향–유동), 동전기 밸브(전기–유동–화학반응)[1]

위와 같은 분야와 다른 여러 분야의 연성해석을 실행할 수 있는 상용 소프트웨어는 현재 많이 개발되어 발전해 왔으며, 사용자가 쉽게 접근할 수 있도록 많은 편의를 제공하고 있다. 대표적인 상용 소프트웨어는 COMSOL社의 COMSOL Multiphysics®, Ansys社의 Ansys AIM, Bentley社의 ADINA Ultimate, Siemens社의 STAR-CCM+, E8IGHT社의 NFLOW 등이 있으며, 학생들에게 무료 체험판을 제공하고도 있어 쉽게 접근하여 공부하고 적용해 볼 수 있다.

CAE(Computer-Aided Engineering)

CAE 해석은 연구 및 제품 개발의 목적으로 다양한 산업 분야 및 학술 분야에서 활발하게 활용되고 있다. 그러나 실제 자연현상은 많은 물리적 규칙을 동반하기 때문에 적절한 가정을 통하여 해를 도출하는 것이 일반적이다. CAE 해석은 실제 테스트로 발생할 수 있는 시간, 비용, 인적 자원의 손실을 최소화하기 위해 활용되고 있다. 또한 설계의 정확성을 가늠하고자 사용되기도 한다. 또한, 실험에서 얻기 어려운 상세 데이터를 획득할 수 있다는 점에서 많은 장점을 가지고 있다. 이 CAE 해석은 현재 산업의 다양한 분야에서 활용되고 있으며, 많은 사례를 통해 충분히 검증되고 있기 때문에 신뢰성 높은 설계 과정 중 하나라고 할 수 있다. 하지만 이러한 CAE 해석에도 단점은 존재한다. 이유는 실제 자연현상에서는 수많은 물리 현상을 동반하기 때문에 해석 결과와 다른 결과를 보여주기도 한다. 수많은 물리 현상을 배제하고 해석을 수행하였을 시 예측 결과와 실제 현상이 다르게 나타날 수 있으며, 매우 높은 정확도를 요구하는 상황에서는 다물리현상을 무시할 수 없다. 이와 같은 문제를 개선하기 위해 각 분야별로 알맞은 수치해석 기법을 많은 연구자가 연구하고 고도화 하였다.

이전의 CAE 해석은 가정을 통해 물리적 현상을 제한하여 수행한 해석 형태라고 할 수 있다. 그러나 시대가 변하고 기술이 발전함에 따라, 자연현상에 가까운 해석 결과가 요구되고 있다. 해당 해석 결과를 통해 기업은 실제 실험이나 테스트의 횟수를 줄일 수 있으며, 실험과 테스트로 인해 손실되는 자원(비용과 시간)을 최소화 할 수 있다. 또한 설계 시 요구 사항을 미리 파악하여 설계 부서에 도움을 줄 수 있으며 또한, 이 결과들은 설계 단계 중 상세 설계 및 개념 설계 단계에서 제품의 특성을 이해하고 설계결정에 도움을 준다.

다중물리 해석시 고려사항

모델을 구성하는 물리현상(법칙)이 2개 이상 이뤄져있다면, 그 모델은 다물리 모델로 보고 해석을 수행하여야 한다. 모델을 구성하는 과정에서 영역간의 상호작용이 고려되어야 하며, 이는 물성치(Property) 및 경계조건(B.C, Boundary Condition)을 통해 고려할 수 있다. 또한 해당 물리현상에 적절한 솔버(Solver) 선택이 중요하며, 솔버 선택은 본 서의 제 2단원을 참고하고 해당 연구사례와 유사한 논문 또는 학술대회 발표 자료들을 통해 적절한 방정식을 선택하는 것을 권장한다.

해를 구하는 과정은 순차적(Sequential) 방법과 동시적(Simultaneous) 방법이 있다. 동시적인 방법은 시스템 모델링을 통합적으로 고려하여 모델링을 구성함으로서 불필요한 에러를 발생시키지 않는 장점이 있으나, 자원(Resource)이 과대하게 소모되어 고성능의 워크스테이션이 아니면 수많은 시간이 소요되는 단점이 있다. 순차적인 방법은 단계적으로 시스템을 모델링하고 해석 수행한 결과를 다음 단계의 시스템에 적용하여 해석을 수행하는 방식으로, 동시적 방법에 비해 자원 소모가 적지만, 수치적 오차를 고려하여 해석 결과를 활용해야 한다.[1]

다중물리해석기반 개발경향 및 CAE 해석 트랜드

CHAPTER 2

2.1 제품개발 경향

NPD/VPD

자연현상을 미분방정식화 하여 구해진 해는 다양하게 활용 될 수 있다. 대표적인 예는 신제품개발 과정(New Product Development)이다. 현재 많은 기업에서 활용하고 있는 제품 개발 과정은 PLM(Product Lifecycle Mangement)이다. PLM은 제품의 생산부터 폐기까지의 사이클을 하나의 주기로 보고 제품 개발 과정에 반영하는 것이다. 그림 1.2.1은 현재 다수의 기업에서 운용하고 있는 PLM의 과정을 간략하게 정리한 그림이다. ERP(Enterprise Resource Planning)는 전사적 자원

관리를 의미하며, 회사의 재무, 공급망, 운영 상거래, 보고, 제조, 인적
자원 활동을 비즈니스 프로세스로 통합하여 자동화하고 관리하는 개념
이다.

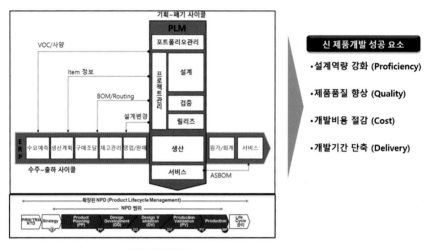

그림 1.2.1 ERP, PLM 확장 개념

그림 1.2.1을 보면 엔지니어는 제품의 설계, 성능, 생산 공정 등등 한
정된 영역만 고려해서 개발 프로세스를 진행하는 것이 아니라, 협업을
통해 전주기적 관점에서 고려해야 한다는 것을 알 수 있다. 그림 1.2.2
의 기존 방식 제품개발 과정을 NPD라고 한다. 현재 제품개발 과정에서 추
가된 개념은 VPD(Virtual Product Development)이다. CAE(Computer-
Aided Engineering), VR(Virtual Reality)/AR(Augmented Reality)/
XR(eXtended Reality), IoT(Internet of Things) 등등 여러 기술이 발
달함에 따라 가상공간에서도 제품개발 프로세스를 진행할 수 있는 개
념이 새로 도입이 되었다. VPD를 통해 다중물리 3차원 해석으로 얻어

진 결과를 활용하면 이는 합리적인 설계변경 및 개발 의사 결정에 중요한 역할이 될 수 있다.

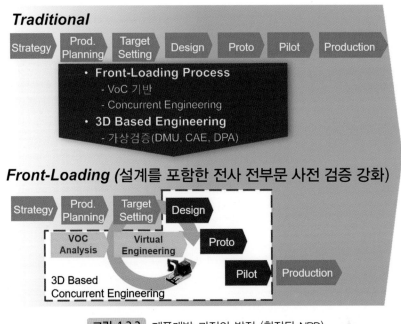

그림 1.2.2 제품개발 과정의 발전 (확장된 NPD)

그림 1.2.2는 NPD에서 확장된 NPD로 가는 과정을 간략하게 표현한 그림이다. 기존에는 고객의 요구사항, 수학적 설계, 3D 기반의 해석 등을 활용해서 제품개발을 진행하였으나, 확장된 NPD 개념에서는 VoC (Voice of Customer)의 대한 수치적 접근, 가상공간에서의 시제품 시험, 제어, 해석, 결과 정리 등을 통해 기존 제품개발 과정의 많은 단계가 제외되고 간소화되면서 시간적, 비용 절감을 취할 수 있는 형태로 발전되고 있다.

3D 기반 제품 개발

가상 제품은 컴퓨팅 모델이며, 정보 및 제품 기능을 사용하여 가능한 제품을 의미한다. 그림 1.2.3은 가상 제품의 정의를 보여주고 기본적인 이해를 보여준다. 오늘날 가상 제품은 일반적으로 각기 다른 IT 응용 프로그램 집합(예 : CAD(Computer-Aided Design), CAE(Computer-Aided Engineering), CAM(Computer-Aided Manufacturing) 등)으로 표현되는 해당 모델링 및 시뮬레이션 알고리즘의 존재를 필요로 하는 일련의 컴퓨터 지원 모델 및 정보 세트로 표현된다.

가상제품 개발과정에서 3D PDM(Product Data Management)을 통해 통합적으로 관리할 때, 편의성을 제공한다. 3D 형상의 위치를 포함한 모든 제품관련 정보가 하나의 가상공간으로 통합관리 될 때 실질적인 동시공학적 협업이 가능하게 되기 때문이다. 그림 1.2.3에는 PDM의 예시를 나타낸 것이다.[2]

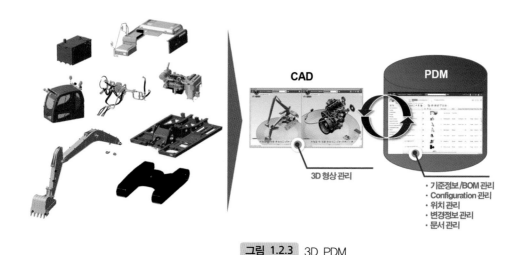

그림 1.2.3 3D PDM

제품개발과정에서 제품검증은 주요한 과정 중 하나이다. 기존에는 계획 – 설계 – 프로토 타입 제작/실험 – 파일롯 제품 출시 등의 순서로 개발이 진행되었으나, 최근에는 가상제품을 활용하여 가상의 공간에 DMU(Digital Mock-Up)을 구성하여 실험 및 검증을 진행하여 설계 변경에 반영하는 형태로 변화하고 있다. 이는 탄소중립을 위해 제품개발 과정에서도 친환경적인 요소를 가미한 결과라고 할 수 있다. 그 이유는 프로토 타입 제작으로 발생할 수 있는 환경 오염적 요소를 배제하고 가상의 공간에서 실시하기 때문에 별도의 환경오염이 발생하지 않기 때문이다. 또한 가상공간에서 조립 및 해체를 진행할 수 있기 때문에 생산 공정에서 발생하는 환경오염도 예측 및 방지를 설계 변경시 고려할 수 있다. 그림 1.2.4는 기존 검증방법에서 변화한 검증사례에 대해 나타낸 그림이다.[2] 기존의 신제품 개발에서는 각 단계에서 검증을 위한

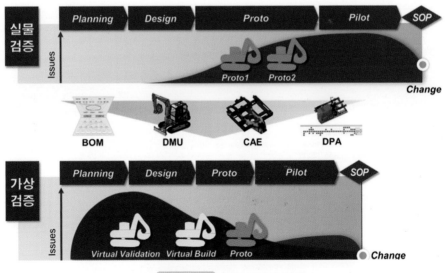

그림 1.2.4 검증 방법의 변화

과정을 실시하는 형태였다. 그러나 가상제품의 개념이 들어오게 되면서 제품에 대한 기획/전략이 통합되었고, 가상검증을 통해 제품이 개발되는 과정의 축소가 발생된다. 특히 가상 제품 구현을 위한 프로그램이 고도화됨에 따라 실제 현장에서 제품을 검증하기보다 AR/VR/XR 등의 가상 공간을 활용해 진행되는 사례가 점점 많아지게 되었다. 그리고 가상의 공간에서 제품을 구성하여 만들어볼 수 있게 되었으며, 부품 조립 및 제조과정이 가상공간과 통합되면서 시간과 비용 절감의 효과를 누릴 수 있게 되었다. 그림 1.2.5는 VPD와 NPD의 검증 과정 변화에 대해 나타낸 그림이다.[3]

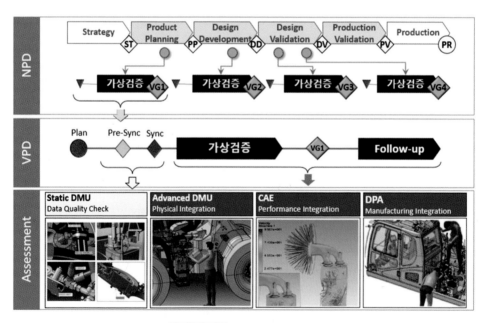

그림 1.2.5 VPD / NPD의 검증과정의 변화

2.2 CAE 해석 트랜드

　CAE 해석 기술은 앞서 언급한 바와 같이 신제품 개발에서 주요한 쓰이는 과정 중 하나이다. 특정한 제품에서만 제한적으로 활용되고 있는 것이 아니며, 제품 개발과정의 한 축을 담당하고 있다. 따라서 CAE 관련 시장도 지속적으로 성장세를 보여주고 있다. 전세계 CAE 시장은 2020년부터 2024년까지 연 평균 11%씩 성장하여 2024년 42억 7,000만 달러에 이를 것으로 기대되고 있다.[4] 이러한 배경에는 디지털 플랫폼(가상 개발 및 디지털 트윈 강화)의 성장과 최근 유행한 전염병으로 인한 비대면 시장의 활성화도 원인중 하나라고 볼 수 있다.

　기존 CAE 해석은 단일 부품 또는 단일 제품에 대한 단순한 물리적 특성 해석을 주로 수행하였다. 그러나 제품 메커니즘의 다양성과 복잡성이 증가하고 제품의 정확한 물리적 거동 파악, 효율 등을 확실하게 예측하기 위해서는 각 요소간의 상호작용 및 연동을 반영하여 해석을 해야 한다. 이러한 과정을 다중물리 해석이라고 할 수 있다.

　전기자동차에 널리 쓰이는 전기 모터를 예로 들면, 모터의 부하 특성 및 안정성을 제조 이전 단계에서 파악하기 위해 토크, 전류, 전압, 효율 역률 손실, 열, 응력과 같은 모터의 특성값과 자속 밀도분포, 손실분포, 열 분포, 응력분포와 같은 다양한 성능지표를 요구하게 되지만 개발 초기에 이러한 데이터를 확보하는 것은 현실적으로 쉽지 않다. 전기전자, 구조 유동 등이 통합된 다중물리 해석은 이러한 문제를 해결하기 위해 지속적으로 발전 중이다.

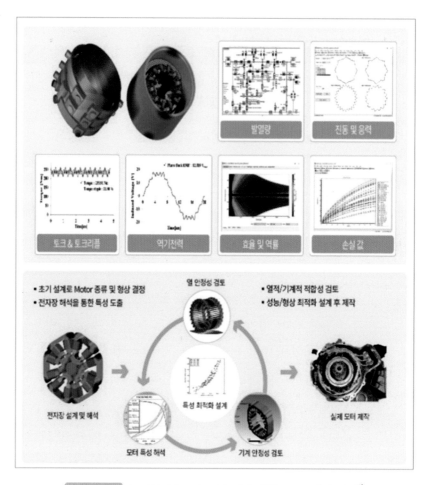

그림 1.2.6 모터의 성능 지표 및 이를 위한 CAE 해석 예시[2]

CAE를 통한 다중물리 해석은 제품의 효율성과 최적화를 평가하기 좋은 방법 중 하나이다. 얻어진 수행 결과를 통해 설계변경을 최소화시킬 수 있으며, 개념 설계와 최적의 설계를 도출하는 과정인 상세설계의 의사결정에 좋은 영향을 줄 수 있다. 하지만 모든 자연현상에 대해서 최적해를 구하는 과정은 수많은 변수들과 환경적 요인의 영향으로 인해 높은 신뢰도를 가진 결과를 얻는 것이 어렵다. 따라서 해석 수행 결과를 통해 합리적인 설계결정을 하는 능력도 중요해지고 있다. 그림 1.2.7은 CAE 해석 수행을 통한 제품의 최적화 과정을 간략하게 표현한 그림이다.[3]

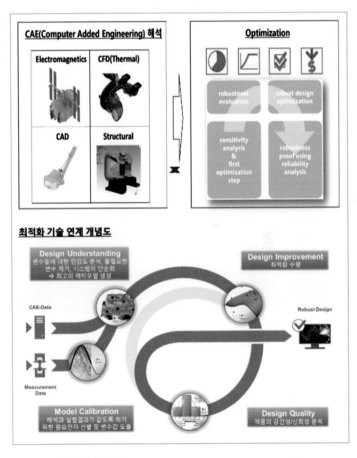

그림 1.2.7 최적화 및 최적화 기술 연계 개념도[3]

참고자료

1) 이재연, 기계저널, 다중물리 해석을 위한 고려사항과 소프트웨어 개발 현황, 2014, Vol. 54, No. 6
2) "시스템 기반의 설계 프로그램으로 액추에이터의 가상실험을 한다," 2020, ANZINE, Vol. 55, No. 3, pp. 54-60
3) 태성이에스엔이, www.tsne.co.kr
4) Global CAE Market Report, 2021, Technavio

Part

II

다중물리 기본 이론

다중스케일, 다중물리 시뮬레이션(Multi-scale, Multi-physics Simulation)

CHAPTER

1

1.1 다중 스케일

물리학, 화학 그리고 공학에서의 멀티스케일 모델링은 다양한 레벨의 정보나 모델을 사용하여 재료 특성이나 시스템 동작을 계산하는 것을 목표로 한다. 예를 들면 전자들의 정보를 포함하는 양자역학모델 스케일, 개별적인 원자들에 대한 정보의 분자역학 모델 스케일, 원자 그룹 정보 관련한 coarse-grained 모델의 스케일, 대규모의 원자 또는 분자 그룹의 위치에 대한 정보가 포함되는 중규모 스케일(Mesoscale), 연속체 모델 스케일, 그리고 디바이스 레벨의 스케일 등이 있으며, 각 레벨의 스케일은 특정 창에 속하는 길이와 시간 관련 자연 현상과 관련된다. 멀티스케일 모델링은 프로세스-구조-특성 관계에 대한 지식을 바탕으로 재료 특성이나 시스템 동작 예측이 가능하므로 전산재료역학 등에서 특히 중요하다.

또한 마이크로가공기술 이용하여 센서, 액츄에이터, 미세 전자 및 기계부품들을 조합하는 MEMS(MicroElectroMechanical Systems)기술은 바이오의료분야에서 바이오화학물질을 전달하고 처리하고 분석하는데 활용되고 있다. 질병분석, 약물전달, 유전자 탐색 및 시퀀싱 등에 활용되는 BioMEMS에서는 디바이스의 마이크로채널 내 분자들의 이동과 부유 운동에 의해 약물이 전달되므로 예를 들어 약물 에이전트인 DNA의 사이즈나 마이크로 채널의 사이즈가 중요하게 된다. 이와 관련하여 매크로 분자의 길이와 대표적 유동장 길이와의 비인 Knudsen (Kn)수라는 무차원수가 사용되며, Kn값이 1보다 훨씬 작을 경우 (Kn≪1) 마이크로 채널내의 매크로분자 운동이 연속체유동으로 간주될 수 있다.

그러나 마이크로 채널의 사이즈가 9-40μm 정도이며 λ-DNA의 풀린 길이가 약 22~33μm인 경우 Kn값은 O(1)이 되어 이 경우 연속체유동의 가정은 부정확하게 되고 또한 분자역학 모델은 나노시간이나 나노미터의 길이를 다루므로 부적합하게 된다. 그림 1.1에는 다양한 길이 및 시간스케일이 나타나 있으며, 원자의 길이 및 시간스케일보다는 크며 연속체모델의 매크로스케일보다는 작은 메조(MESO) 스케일이 나타나 있다. 또한 메조스케일은 적용하는 분야마다 대표적 길이와 시간 스케일의 범위가 다르지만 약 10^{-7}에서 10^{-4}m의 길이 차원 그리고 10^{-9}에서 10^{-3}s의 시간 차원을 가지므로 10^{-8}에서 10^{-6}m의 길이 및 10^{-11}에서 10^{-8}s의 마이크로 스케일과 10^{-4}m와 10^{-3}s 보다 큰 매크로 스케일과 겹치는 영역에 있다.

매크로 스케일 문제는 주로 유한요소법(FEM), 유한차분법(FDM), 유한체적법(FVM) 등의 수치해석적 방법이 지배방정식과 구성관계식을 바탕으로 적용된다. 그러나 길이스케일이 계속 줄어들어 연속체 가정이 불합리하게 되면 적용 스케일 영역에 맞는 다른 수치해석적 모델이 필요하게 된다. 나노나 마이크로 스케일 문제에 대해서는 고전적인 분자 역학(MD)모델 등이 사용되며, 이러한 MD에서의 각 입자는 실제 원자나 분자를 나타내며 각 입자들의 동적인 거동은 매우 큰 계산용량과 비용이 요구되므로 매우 짧은 시간스케일과 길이스케일 운동에 국한하게 된다.

그러나 많은 실제적인 문제들은 더 큰 시간과 길이스케일을 주로 포함하므로 MD에서와 같이 수많은 수의 원자들과 모든 자유도를 계산하기 보다는 자유도의 수를 줄여 메조스케일에 맞는 수치해석적 방법이 제안된다. 이러한 방법 중 하나인 coarse-grained MD 해석에서는 각각의 분자운동은 무시하되 원자모델로부터 coarse-grained 모델로의 적절한 맵핑과 coarse-grained 입자들 사이의 상호작용을 해석하며 이 중 대표적인 모델로 분자들의 클러스터를 입자들로 보고 보존법칙을 만족하는 힘과 소산하는 힘들에 의한 거동을 해석하는 Dissipative Coarse-Grained 모델인 DPD 방법이 있다. 또한 규칙적인 격자 위 노드 사이의 입자들의 스트리밍 및 충돌 프로세스를 통해 액적 유동 혹은 다공성 매질 유동과 같은 복잡한 환경의 유체 시스템에 대해 격자위의 밀도 계산이 이루어지는 LBM(Lattice-Boltzmann Method)도 메조 스케일 수치해석 방법 중 하나이다.

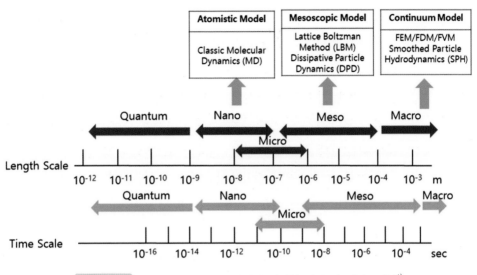

그림 2.1.1 수치해석적 방법과 관련된 다양한 길이 및 시간스케일[1)

1.2 다중 물리시스템 시뮬레이션

　　여러 물리적 현상을 결합하는 시뮬레이션 노력은 시뮬레이션 자체만큼 오래되어 왔으나, 다중물리학 시뮬레이션은 컴퓨터 계산능력 향상과 함께 계속 필요성은 증대되고 있다. 개별적 시뮬레이션을 단순히 결합하면 개별적 구성 소프트웨어에 부과되는 제한보다 안정성 및 정확성 관점에서 더욱 심각한 한계가 발생할 수 있으며, 각 요소들의 독립적인 시뮬레이션 반복 계산을 위해 필요한 데이터 이동 및 데이터 구조 변환이 필요하다. 이러한 데이터 이동 및 데이터 구조 변환은 결국 개별적 구성요소 계산의 경우보다 더 많은 지연 시간이 발생하고 전력 소비도 높을 수 있다. 결국 '1+1'이라는 노력은 실제로는 '2' 보다 비용면에서 더 많이 들 수 있고 대규모 계산에 실행 가능하지 않을 수 있다. 미국 에너지부(DOE)의 한 보고서(2008)에 따르면 "다른 물리법칙에 의해 지배되는 각각 다른 스케일의 다양한 이벤트의 결합 모델의 이슈는 광범위하며 엄청난 도전의 영역이다"라고 설명한다.

　　다중물리 시스템은 자체 보존 법칙이나 구성 법칙에 의해 지배되는 한 개 이상의 구성요소로 이루어지게 된다. 다중물리 시스템은 개별 구성 요소들의 중첩되는 영역 내 소스 항이나 구성방정식을 통해 대규모로 결합이 발생되는 경우와 낮은 차원의 이상적인 인터페이스 혹은 좁은 완충지대의 경계조건을 통해 플럭스, 압력 또는 변위를 전달하는 경우로 나눌 수가 있다. 전형적인 벌크 결합 다중물리 시스템의 예에는 천체 물리학 내 Radiation Hydrodynamics(RHD), 플라즈마 물리학 내 MagnetoHydroDynamics(MHD) 등이 있고, 인터페이스 결합 다중물리 시스템에는 지구물리학인 해양-대기역학, 기계공학의 유체-구조 역학의 예들이 있다.

다중물리 시스템의 범주에는 동일한 구성 요소가 적용되는 영역 사이의 경계 또는 전환 영역에 걸쳐 두개 이상의 법칙에 의해 설명되는 다중 스케일 문제가 포함된다. 예를 들어 천체 역학이나 분자 운동의 N개 물체 시스템에서 인접한 이웃이 아닌 입자들 사이의 중력이나 전기력이 입자들 자체에 의해 발생하는 힘에 의해 영향을 받게 되는 경우가 해당하며 일반적으로 입자들은 도메인을 '근거리'와 '원거리'로 파티션한다.

또한 동일한 구성 요소에 대해 다양한 유형의 편미분 방정식(PDE) 시스템(예: 타원-포물선, 타원-쌍곡선 또는 포물선-쌍곡선)으로 기술되는 경우 다중물리 범주에 포함하며 이는 각각의 PDE들이 다른 물리적 현상을 나타내며 다른 이산화나 솔버들을 통해 처리된다. 지금까지의 예들과는 달리 독립 변수들의 공간이 다르게 또는 독립적으로 처리되는 시스템은 진정한 다중물리 시스템과 유사한 대수적 특성을 가질 수 있다. 일례로 물리적 공간이 분리되는 ADI(Alternating Direction Implicit) 수치해석법이나 물리적 공간과 위상 공간을 분리해서 계산하는 수치적 방법이 광의의 다중물리시스템에 포함된다.

그림 2.1.2에는 자동차 설계 시 필요한 다중물리시스템의 예가 나타나 있다. 이렇듯이 다중물리시스템의 시뮬레이션은 제품설계 시 여러 분야 공학적 이론의 상호작용의 결과와 이해를 돕는 역할을 한다.

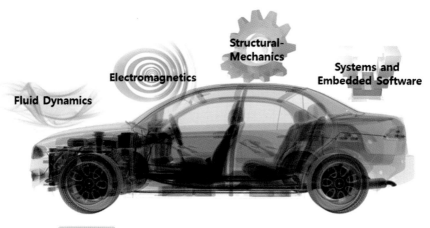

그림 2.1.2　Multi-physics 시뮬레이션의 사례(Ansys사로부터 사용허가)

　　컴퓨터를 이용한 수치계산은 복잡한 다중물리 문제를 해결하는 매우 유용한 방법으로 먼저 물리적 문제를 수학적 형태의 차분형태로 변환하는 모델링 과정을 거친 후 컴퓨터를 이용해서 계산한 후 다시 해석적인 과정을 거쳐 물리현상을 설명하는 순서로 진행된다. 이러한 컴퓨터 모델링은 그림 2.1.3에 나타난 바와 같이 수학적 모델링, 도메인 차분화, 수치적 알고리즘, 코딩 및 수행 등의 과정을 거치게 된다. 즉, 수학적 모델은 필요한 단순화 및 가정을 거쳐 적당한 경계조건(B.C.) 및 초기조건(I.C.)을 갖는 도메인 내의 지배방정식 형태로 표현된다. 이러한 지배방정식은 물리법칙에 따라 상미분방정식(ODE), 편미분방정식(PDE), 혹은 적분방정식으로 표현된다. 지배방정식을 풀기 위해서는 문제영역을 수치적 근사에 맞는 유한한 수의 영역으로 다시 나누게 된다. 이렇게 나누어진 계산 영역은 셀(Cell)과 격자 혹은 노드로 이루어진 메쉬들의 세트로 형성된다. 격자 혹은 노드는 계산장 변수들의 값이 지정되는 위치로 메쉬시스템에 의해 연결성(Connectivity)이 정의된다. 수치

계산의 정확도는 메쉬 밀도나 그 패턴과도 밀접해 진다. 수치적 차분화 과정은 결국 지배방정식에서 나타난 수학적 미적분 연산을 격자 혹은 노드에서의 이산적 형태로 바꾸어 나타내는 것을 의미한다. 수치적 이산화를 거친 후 원래의 물리방정식은 기존의 수치적 기법을 적용할 수 있는 대수방정식이나 상미분방정식의 세트로 표현된다. 이러한 공식화에는 Strong Form과 Weak Form이라는 형태가 있으며, 혼합된 형태가 사용되기도 한다. 컴퓨터 코딩과정에서는 계산속도와 저장장소를 고려한 정확도와 계산 효율을 고려해야 하며, 코딩의 일관성 체크 등을 포함하는 강건성 및 코딩의 쉬운 수정을 위한 사용자편의성이 고려된다. 실제적인 계산을 수행하기 전 이론적 결과나 실험결과가 분명한 벤치마크 문제에 대해 검증을 하게 되며, 이 과정을 Verification과 Validation이라고 부른다.

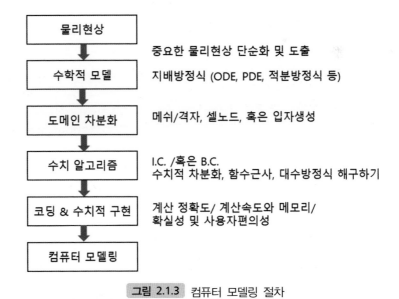

그림 2.1.3 컴퓨터 모델링 절차

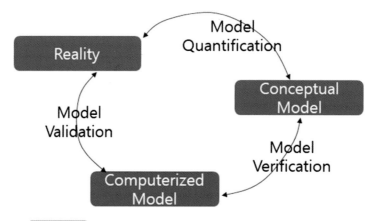

그림 2.1.4 컴퓨터 모델링 단계 및 모델 검증과 확인과의 관계성

　　1979년 컴퓨터 모사학회 (Society of Computer Simulation)는 처음
으로 "검증(verification)"과 "확인(validation)"이라는 용어를 그림
2.1.4에 나타난 "컴퓨터화 모델"과 "개념적 모델"의 설명을 바탕으로
정의한 바 있다. 즉, 개념적 모델(Conceptual Model)에서 "컴퓨터화
모델(Computerizd Model)"로의 발전은 컴퓨터 프로그래밍이 필요하
며 이 과정은 컴퓨터 코드가 개념적 모델을 정확하게 모사하는 지를 확
인하는 모델 검증(Verification)이 요구된다. "컴퓨터화모델(Computerizd
Model)"과 "현실(Reality)"과의 연결을 위해서는 컴퓨터 모델링이 수행
되며, "컴퓨터화모델"이 "현실"을 충분한 정도의 정확도를 가지고 일관
성 있게 모사하는지 여부인 "모델 확인(Validation)" 절차를 거친다. 또
한 "현실(Reality)"과 "개념적 모델(Conceptual Model)" 사이에는 "개
념적 모델"이 "현실"을 일관성 있게 설명하는 여부를 확인하는 모델 정
량화(Quantification)과정이 필요하다.

다중물리 수학적 기초 및 지배방정식

2.1 벡터의 연산

2.1.1 벡터 표기

벡터는 수학적 개념으로 크기와 방향을 갖는 물리량을 의미한다. 일반적으로 벡터는 시점과 끝점을 연결하는 화살표로 표시할 수 있다. 반대로 크기만 가지고 있는 양을 스칼라(Scalar)라고 한다. 벡터의 예는 속도, 가속도, 힘, 응력 등이며, 질량, 시간, 면적 등은 스칼라의 예라고 할 수 있다. 벡터는 다양한 표현할 수 있다. 예로 들면 3차원 공간에서 임의 벡터 $\vec{a}$는 다음과 같이 표현할 수 있다.

$$\vec{a} = (x, y, z) \quad \Rightarrow \quad x\vec{i} + y\vec{j} + z\vec{k} \tag{2.2.1}$$

여기서 $\vec{i}$, $\vec{j}$, $\vec{k}$는 x축, y축, z축 방향의 단위벡터(Unit vector)를 말한다.

벡터는 같은 좌표계에서 정의된 벡터 간에는 덧셈, 스칼라와의 곱, 내적, 외적 등의 연산이 가능하다. 두 벡터 $\vec{u}$, $\vec{v}$의 합은 각 성분별로 덧셈을 하게 되며, 도형적으로 $\vec{u}$ 끝점에 $\vec{v}$의 시점을 연결한 화살 $\vec{u} + \vec{v}$로 표시된다.

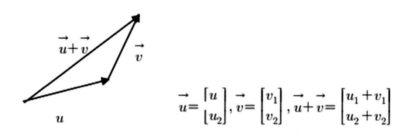

$$\vec{u} = \begin{bmatrix} u_1 \\ u_2 \end{bmatrix}, \vec{v} = \begin{bmatrix} v_1 \\ v_2 \end{bmatrix}, \vec{u} + \vec{v} = \begin{bmatrix} u_1 + v_1 \\ u_2 + v_2 \end{bmatrix}$$

또한 스칼라 A를 벡터 $\vec{u}$에 곱하면 $A\vec{u} = \begin{pmatrix} Au_1 \\ Au_2 \end{pmatrix}$로 계산된다.

예제 1

행렬 a_{ij}와 벡터 b_i는 다음과 같다.

$$a_{ij} = \begin{pmatrix} 1 & 2 & 0 \\ 0 & 4 & 3 \\ 2 & 1 & 2 \end{pmatrix}, \; b_i = \begin{bmatrix} 2 \\ 4 \\ 0 \end{bmatrix}$$

a_{ii}, $a_{ij}a_{ij}$, $a_{ij}a_{jk}$, $a_{ij}b_j$, $a_{ij}b_ib_j$, b_ib_i, b_ib_j, $a_{(ij)}$, $a_{[ij]}$를 스칼라, 벡터, 행렬로 풀어서 표현하라.

해

$$a_{ii} = a_{11} + a_{22} + a_{33} = 7 \ \text{(스칼라)}$$

$$a_{ij}a_{ij} = a_{11}a_{11} + a_{12}a_{12} + a_{13}a_{13} + a_{21}a_{21} + a_{22}a_{22} + a_{23}a_{23}$$
$$+ a_{31}a_{31} + a_{32}a_{32} + a_{33}a_{33}$$
$$= 1 + 4 + 0 + 0 + 16 + 9 + 4 + 1 + 4 \qquad \text{스칼라)}$$

$$a_{ij}a_{jk} = a_{i1}a_{1k} + a_{i2}a_{2k} + a_{i3}a_{3k} = \begin{bmatrix} 1 & 10 & 6 \\ 6 & 19 & 18 \\ 6 & 10 & 7 \end{bmatrix} \ \text{(행렬)}$$

$$a_{ij}b = a_{i1}b_1 + a_{i2}b_2 + a_{i3}b_3 = \begin{bmatrix} 10 \\ 16 \\ 8 \end{bmatrix} \ \text{(벡터)}$$

$$a_{ij}b_ib_j = a_{11}b_1b_1 + a_{12}b_1b_2 + a_{13}b_1b_3 + a_{21}b_2b_1 + \dots = 84 \ \text{(스칼라)}$$

$$b_ib_j = \begin{bmatrix} 4 & 8 & 0 \\ 8 & 16 & 0 \\ 0 & 0 & 0 \end{bmatrix} \ \text{(행렬)}$$

$$a_{(ij)} = \frac{1}{2}(a_{ij} + a_{ji}) = \frac{1}{2}\begin{bmatrix} 1 & 2 & 0 \\ 0 & 4 & 3 \\ 2 & 1 & 2 \end{bmatrix} + \frac{1}{2}\begin{bmatrix} 1 & 0 & 2 \\ 2 & 4 & 1 \\ 0 & 3 & 2 \end{bmatrix} = \begin{bmatrix} 1 & 1 & 1 \\ 1 & 4 & 2 \\ 1 & 2 & 2 \end{bmatrix} \ \text{(행렬)}$$

$$a_{[ij]} = \frac{1}{2}(a_{ij} + a_{ji}) = \frac{1}{2}\begin{bmatrix} 1 & 2 & 0 \\ 0 & 4 & 3 \\ 2 & 1 & 2 \end{bmatrix} + \frac{1}{2}\begin{bmatrix} 1 & 0 & 2 \\ 2 & 4 & 1 \\ 0 & 3 & 2 \end{bmatrix} = \begin{bmatrix} 0 & 1 & -1 \\ -1 & 0 & 1 \\ 1 & -1 & 0 \end{bmatrix} \ \text{(행렬)}$$

2.1.2 벡터의 내적

$\vec{t}$, $\vec{n}$ 두 벡터의 내적은 다음과 같이 정의된다.

$$\vec{t} \cdot \vec{n} = |t||n|\cos\theta \qquad (2.2.2)$$

여기서 $\cdot$ 은 내적 연산기호이며, $\vec{n} = n_1 e_1 + n_2 e_2 + n_3 e_3$이다. 식 (2.2.2)를 조금 더 풀어보면 다음과 같다.

$$\vec{t} \cdot \vec{n} = (t_1, t_2, t_3)\begin{pmatrix} n_1 \\ n_2 \\ n_3 \end{pmatrix} = t_1 n_1 + t_2 n_2 + t_3 n_3 \qquad (2.2.3)$$

위 결과를 지수 표기법으로 표현한다면 다음과 같다.

$$\vec{t} \cdot \vec{n} = \sum_{i=1}^{3} t_i n_i = t_i n_i \qquad (2.2.4)$$

여기서 Einstein의 합법칙에 의해 지수 표기법에서 나오는 중복된 지수는 합의 기호를 붙인 것과 같다고 보면 된다.[1]

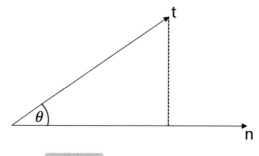

그림 2.2.1 두 벡터의 내적과 투사

2.1.3 기울기(Gradient)

3차원 공간에서의 좌표 (x_1, x_2, x_3)에 대한 기울기(Gradient)는 다음과 같이 정의되는 벡터이다.

$$\nabla \equiv \frac{\partial}{\partial x_1}e_1 + \frac{\partial}{\partial x_2}e_2 + \frac{\partial}{\partial x_3}e_3 \tag{2.2.5}$$

또는

$$\nabla \equiv \left(\frac{\partial}{\partial x_1}, \frac{\partial}{\partial x_2}, \frac{\partial}{\partial x_3}\right) \equiv \frac{\partial}{\partial x_i} \tag{2.2.6}$$

스칼라 함수 $\phi(x_1, x_2, x_3) = x_1^2 + x_2^2 + x_3^2 - 1$에서의 기울기는 다음과 같이 계산할 수 있다.

$$\begin{aligned}
grad\phi &= \frac{\partial \phi}{\partial x_1}e_1 + \frac{\partial \phi}{\partial x_2}e_2 + \frac{\partial \phi}{\partial x_3}e_3 \\
&= 2x_1 e_1 + 2x_2 e_2 + 2x_3 e_3
\end{aligned} \tag{2.2.7}$$

벡터의 기울기도 스칼라와 유사한 형태로 연산이 된다.

벡터 $u = (u_1, u_2, u_3) = (x_1^2, 2x_1 x_2, -3x_1^3 x_3^2)$에 대한 ∇u는 다음과 같다.

$$\nabla u = \begin{pmatrix} \dfrac{\partial}{\partial x_1} \\[2mm] \dfrac{\partial}{\partial x_2} \\[2mm] \dfrac{\partial}{\partial x_3} \end{pmatrix} (u_1, u_2, u_3) = \begin{bmatrix} \dfrac{\partial u_1}{\partial x_1} & \dfrac{\partial u_2}{\partial x_1} & \dfrac{\partial u_3}{\partial x_1} \\[2mm] \dfrac{\partial u_1}{\partial x_2} & \dfrac{\partial u_2}{\partial x_2} & \dfrac{\partial u_3}{\partial x_2} \\[2mm] \dfrac{\partial u_1}{\partial x_3} & \dfrac{\partial u_2}{\partial x_3} & \dfrac{\partial u_3}{\partial x_3} \end{bmatrix}$$

$$= \begin{bmatrix} 2x_1 & 2x_2 & -9x_1^2 x_3^2 \\ 0 & 2x_1 & 0 \\ 0 & 0 & -6x_1^3 x_3 \end{bmatrix} \tag{2.2.8}$$

2.1.4 발산(divergence)

발산은 벡터장 내에서 임의의 한 점 (x, y)의 매우 작은 공간 안에서 벡터장이 퍼져 나오는지 또는 모여서 없어지는지의 정도를 확인하는 측정하는 연산자이다. 벡터 미분연산자와 벡터의 내적을 발산으로 정의하며 다음과 같이 나타낼 수 있다.

$$u = (u_1,\ u_2,\ u_3) = (x_1^2,\ 2x_1 x_2,\ -3x_1^3 x_3^2)$$

$$div\ u = \left(\frac{\partial}{\partial x_1} + \frac{\partial}{\partial x_1} + \frac{\partial}{\partial x_1} \right) \cdot (u_1 e_1 + u_2 e_2 + u_3 e_3)$$

$$= \frac{\partial u_1}{\partial x_1} e_1 \cdot e_1 + \frac{\partial u_2}{\partial x_2} e_2 \cdot e_2 + \frac{\partial u_3}{\partial x_3} e_3 \cdot e_3$$

$$= \frac{\partial u_1}{\partial x_1} + \frac{\partial u_2}{\partial x_2} + \frac{\partial u_3}{\partial x_3} = 2x_1 + 2x_2 - 6x_1^3 x_3 \tag{2.2.9}$$

지수 표기법은 다음과 같이 나타낼 수 있다.

$$div \, \boldsymbol{u} = \frac{\partial u_i}{\partial x_i} = \frac{\partial u_k}{\partial x_k} \tag{2.2.10}$$

여기서 지수 i 또는 k가 중복되고 있으므로 지수의 종류에 관계없이 합의 개념으로 생각해도 된다.

2.1.5 Laplacian

Laplace 형태의 미분은 두 벡터 미분 연산자의 내적이다. 쉽게 말하면 기울기에 대해서 연산을 한 후, 연산된 벡터장에 대해 발산을 구한 것이다. Laplacian의 정의는 다음과 같다.

$$div \, grad \, \phi = \nabla^2 \phi = \frac{\partial^2 \phi}{\partial x_1^2} + \frac{\partial^2 \phi}{\partial x_2^2} + \frac{\partial^2 \phi}{\partial x_3^2} \tag{2.2.11}$$

2.1.6 Kronecker Delta & Levi–Civita Symbol

크로네커 델타(Kronecker Delta)와 레비치비타 기호는 특수한 텐서로서 Index notation을 이용하여 벡터와 텐서를 계산할 때 아주 중요한 역할을 한다. 크로네커 델타의 정의는 다음과 같다.

$$\delta_{ij} = \begin{cases} 1 & \text{if} \quad i = j \\ 0 & \text{if} \quad i \neq j \end{cases} \tag{2.2.12}$$

크로네커 델타는 하첨자 i와 j가 같으면 1을 출력하고, 다르면 0을 출력하는 연산자이다. 크로네커 델타는 주로 두 벡터와 텐서를 내적으로 계산할 경우에 사용한다. 또한 대칭성(Symmetric)을 가지고 있기 때문에 다음과 같은 관계를 만족한다.

$$\delta_{ij} = \delta_{ji} \tag{2.2.13}$$

식 (2.2.13)으로부터 다음과 같은 관계성을 알 수 있다.

$$\delta_{ij} = \begin{bmatrix} \delta_{11} \ \delta_{12} \ \delta_{13} \\ \delta_{21} \ \delta_{22} \ \delta_{23} \\ \delta_{31} \ \delta_{32} \ \delta_{33} \end{bmatrix} = \begin{bmatrix} 1 \ 0 \ 0 \\ 0 \ 1 \ 0 \\ 0 \ 0 \ 1 \end{bmatrix} \tag{2.2.14}$$

식 (2.14)로 부터 우리는 크로네커 델타가 행렬에서 단위행렬의 역할을 한다고 볼 수 있다.

레비치비타 기호(Levi-civita symbol)는 Alternating(or permutation) symbol이라고 부르기도 한다. 크로네커 델타는 대칭성을 보이는 반면, 레비치비타 기호는 비대칭성이기 때문에 하첨자 i, j, k의 순서가 중요하다 레비치비타 기호의 정의는 다음과 같다.

$$\epsilon_{ijk} = \begin{cases} +1 & \text{if } ijk \text{ is an even permutation} \\ -1 & \text{if } ijk \text{ is an odd permutation} \\ 0 & \text{otherwise} \end{cases} \tag{2.2.15}$$

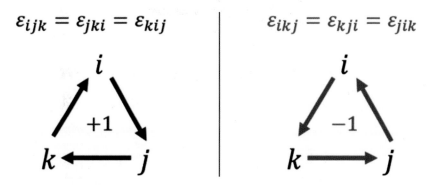

$$\varepsilon_{ijk} = \varepsilon_{jki} = \varepsilon_{kij} \qquad \varepsilon_{ikj} = \varepsilon_{kji} = \varepsilon_{jik}$$

그림 2.2.2 Permutation of three consecutive number

레비치비타 기호의 예시는 다음과 같다.

$$\epsilon_{ijk} = \epsilon_{jki} = \epsilon_{kij} = 1$$
$$\epsilon_{kji} = \epsilon_{jik} = \epsilon_{ikj} = -1$$
$$\epsilon_{iik} = \epsilon_{ijj} = \epsilon_{kik} = 0$$

$$e_i \times e_j = \epsilon_{ijk} e_k$$
$$e_1 \times e_2 = e_3$$
$$e_2 \times e_1 = -e_3$$
$$e_1 \times e_1 = 0$$

$$a = a_i e_i \quad \text{and} \quad b = b_j e_j$$
$$a \times b = (a_i e_i) \times (b_j e_j) = \epsilon_{ijk} a_i b_j e_k$$

물리량들 사이의 관계를 도출하기 위해서는 서로 다른 좌표계 사이의 벡터와 텐서의 변환 규칙이 요구된다. 그림 2.2.3과 같이 2개의 다른 데카르트 좌표계가 있다고 가정하였을 경우에 각 좌표계의 단위 벡터는 그림 2.3과 같이 (e_1, e_2, e_3), (e_1', e_2', e_3')로 나타낼 수 있다. 그림 2.2.3을 기준으로 x_i'-axis와 x_j'-axis 사이의 코사인 각도는 Q_{ij}로 나타낼 수 있으며, $Q_{ij} = \cos(x_i', x_j)$로 표현할 수 있다. 여기서 $Q_{ij} \neq Q_{ji}$의 관계성을 갖는다. 따라서 단위 벡터 e_1'는 $e_1' = Q_{11}e_1 + Q_{12}e_2 + Q_{13}e_3$로 표현할 수 있으며, 일반적으로는 다음과 같이 표현 할 수 있다.

$$e_i' = Q_{ij}e_j \ , \quad e_i = Q_{ji}e_j' \tag{2.2.16}$$

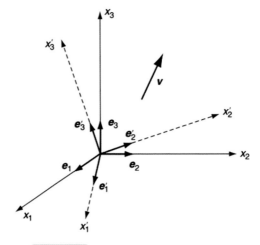

그림 2.2.3 데카르트 좌표 프레임의 변화

임의의 벡터 v는 $v = v_i e_i = v_i' e_i'$로 각 좌표계에 맞춰 서술할 수 있다. e_i와 e_i'와 관련된 식 (2.2.16)에 대입을 하면 다음과 같이 표현할 수 있다.

$$v_i' = Q_{ij} v_j, \quad v_i = Q_{ji} v_j' \tag{2.2.17}$$

식 (2.2.17)를 통해 $v_i = Q_{ji} Q_{jk} v_k$를 유도할 수 있다. 여기서 $Q_{ji} Q_{jk} = \delta_{ik}$로 변환 할 수 있다. 다시 정리하면, v_i는 $v_i = \delta_{ik} v_k$로 정리 할 수 있다.

2.3 지배방정식

    수학적 모델의 지배 방정식은 하나 이상의 독립변수들에 따라 미지의 종속 변수들의 값이 어떻게 변화되는지 설명한다. 물리시스템은 다양한 수준의 세부 정보를 포함하여 현상적으로 모델링되며, 이때의 지배 방정식은 주어진 시스템에 대해 가장 상세하고 근본적인 현상학적 모델을 나타낸다. 그림 2.1.3에 나타난 컴퓨터모델링의 실제 물리에서 개념적 모델로 넘어가는 과정은 여러 기본 방정식이 포함되며, 예를 들어 CFD를 위한 개념적 모델은 질량, 운동량, 에너지의 지배방정식과 난류모델, 화학반응모델, 공동현상 모델 등의 부수적 모델을 포함한다. 고전적인 분자동력학의 지배방정식은 모든 원자들의 위치에 따라 정해지는 원자간 포텐셜에 근거한 힘에 대한 뉴튼의 운동법칙이다.

    유체운동의 기본 방정식을 구하기 위해서는 운동 중의 상태를 나타내는 유체상태 모델의 선택이 필요하다. 수학적으로는 유체의 상태를 기술하기 위해 오일러적 기술과 라그란지안 기술의 두 가지 접근법이 있다. 그림 2.3.1(a)에 나타난 라그란지안 기술은 마치 관찰자가 시공간상을 이동하는 개별적 유체입자를 좋아다니며 유체유동을 바라보는 것으로 개별적 유체덩어리를 시간에 따른 공간 위치를 추적하면 유체덩어리의 운동 궤적이 나타난다. 반면, 오일러적 기술은 시간에 따라 정해진 위치에서의 유체운동을 바라보게 된다.

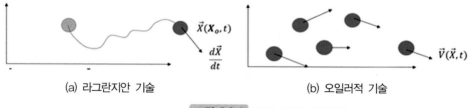

(a) 라그란지안 기술　　　　　　　　(b) 오일러적 기술

그림 2.2.4 유체 상태 기술모델

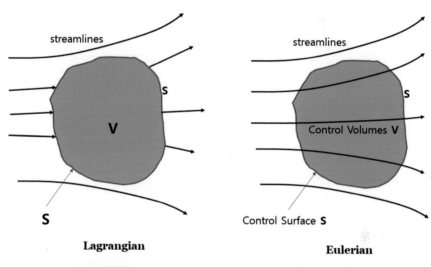

그림 2.2.5 라그란지안 기술과 오일러적 기술에서의 검사체적

　유체 유동의 기술을 위해 그림 2.3.2에서와 같이 나타난 검사표면 S
에 의해 둘러진 검사체적 V를 관찰한다. 라그란지안 기술에서는 동일
한 물질이 검사체적인 V안에 존재하면서 유체유동과 함께 이동하며 팽
창, 압축 혹은 변형이 가능하며, 보존지배방정식이 검사체적 내의 유체
에 바로 적용되어 적분형태의 지배방정식을 얻게 된다. 반면 오일러적
접근에서는 검사체적 V가 공간에 고정되어 있으며 검사체적의 표면을

통해 유체가 자유롭게 이동하게 된다. 또한 앞서 고려한 검사체적 사이즈를 연속체 가정이 가능하면서 동시에 물성치의 값이 체적 내 동일하다고 가정할 수 있는 미소 검사체적인 δV와 미소표면 δS에 대해 라그란지안 기술 혹은 오일러적 기술로 보존법칙에 적용하면 각각의 미분방정식 형태의 지배방정식을 얻게 된다.

격자기반(Grid-based) 및 메쉬프리(Meshfree)방법

3.1 격자기반 방법

앞서 2장에서 살펴본 오일러적 기술은 주로 유한차분법(Finite Difference Method)으로 컴퓨터 모델링되는 반면, 라그란지안 기술은 유한요소법(Finite Element Method)으로 표현된다. 라그란지안 기술에서는 움직이는 질량덩어리의 물리량에 대한 전체시간 미분인 $\frac{D}{Dt}(\ )$ 를 사용하는 반면, 질량 덩어리의 오일러적 기술에서는 연속체 유동을 가정하는 경우 고정된 위치에서 물리량의 국지적 미분값인 $\frac{\partial}{\partial t}(\ )$과 물리량의 공간적 분포와 함께 유동장내 유체 이동으로 인한 변화량에 해당하는 대류적 미분값인 $v^{\alpha}\dfrac{\partial}{\partial x^{\alpha}}(\quad)$의 값을 이용한다.

$$\frac{D}{Dt}(\quad) = \frac{\partial}{\partial t}(\quad) + v^{\alpha}\frac{\partial}{\partial x^{\alpha}}(\quad) \tag{2.3.1}$$

오일러적 기술과 라그란지안 기술은 컴퓨터 모델링시 각각 완전히 다른 종류의 도메인 차분격자를 사용한다. 라그란지안 격자는 전체 계산 프로세스에 걸쳐 물질에 고정되어 있거나 붙어 있어 물질과 같이 움직이며 FEM이라고 방법으로 알려진 수치기법에 맞는 격자이다. 즉, 격자셀은 압축, 팽창 및 변형하면서 움직이지만 격자셀 내의 질량은 고정되며 셀 경계로의 질량유속도 가능하지 않다. 즉, 물질의 위치에서 모든 필드 변수들의 전체 시간 이력을 쉽게 추적할 수 있다. 또한 PDE에 대류항이 없으므로 코드가 단순하고 빠른 계산이 가능하다.

요소의 구적 점들은 물질의 위치와 일치하며, 경계 노드는 수치 경계면에 놓여 있어 외부와 내부 경계 조건을 쉽게 적용할 수 있다. 불규칙하거나 복잡한 형상은 불규칙한 격자를 사용하여 처리 가능하며 도메인 외부로의 격자가 필요 없어 계산적으로 효율적이다. 그러나 격자가 물질과 함께 변형되기 때문에 심각한 격자 왜곡이 발생하여 계산 정확성에 심각한 영향을 미칠 수 있으며, 가장 작은 절점 간격으로 제어되는 시간 간격이 너무 작아서 시간 진행에 효율적이지 않기도 하다. 이러한 단점의 극복을 위해 격자 영역의 재조정 또는 도메인의 재 격자생성의 방법을 사용하며, 이는 기존 왜곡된 격자에 왜곡되지 않은 새로운 격자를 겹쳐서 배치하며 기존 격자셀로부터 오일러적 계산을 통해 질량, 운동량 및 에너지의 전달을 계산하여 새 격자셀의 물리적 값을 근사한다. 예로서는 충격, 침투, 폭발, 파편화, 난류 유동, 유체-구조 연성 문제에 대한 적응형 구역화법이 있다. 그러나 시간이 많이 소요되며 재료의 확산 문제 및 물성 이력 손실의 문제도 존재한다.

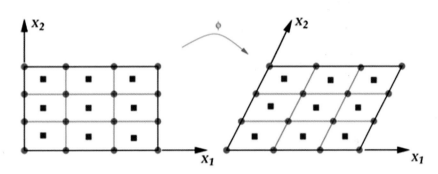

■ Material Point
● Grid Node

(a) 라그란지안 격자/셀과 물질의 변형/운동

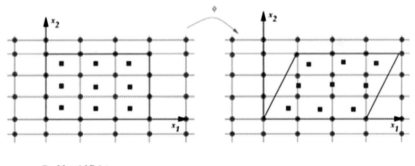

■ Material Point
● Grid Node

(b) 오일러적 격자/셀과 물질의 변형/운동

그림 2.3.1 라그란지안 격자와 오일러 격자의 비교

반면 오일러격자에서는 모사하는 객체가 위치한 공간에 고정되며 물리량은 격자의 고정된 메쉬 셀을 가로질러 이동한다. 즉, 물질이 격자의 메쉬를 가로질러 흐르는 동안 모든 격자의 노드와 메쉬셀은 공간에 고정되며 시간에 따라서도 변하지 않는다. 이 경우 계산 영역에서의 질량, 속도, 에너지를 계산하기 위해서는 해석하는 셀 경계를 지나는 물리량의 플럭스가 이용된다. 주어진 요소 구적점에 위치한 물질점은 시간에 따라 변하며 이 때문에 이력에 의존하는 물질의 해석은 어려울 수 있다.

그러나 라그란지안 격자와는 달리 물질의 변형으로 인한 격자의 변형은 발생하지 않으므로 이와 관련된 수치적 문제는 없다. 다만, 물질이 고정된 위치에서 그 물질의 물리 변수들의 시간 이력을 분석하는 것은 매우 어려울 수 있으며, 공간에 고정된 오일러 격자위 물리 변수들의 시간 이력만 가능하기도 하다. 또한 경계 노드와 물질의 경계가 일치하지 않는 경우 내부와 외부 경계조건을 적용하기 어려우며, 자유 표면, 변형 가능한 경계, 움직이는 물질 인터페이스의 위치를 결정하기가 어렵게 된다.

메쉬가 공간에 고정되어 있어 격자 왜곡은 없으나 물질이 도메인을 빠져 나가지 않도록 충분히 커야하는 경우 정확도를 희생을 감수하더라도 성긴 격자를 사용하기도 한다. 끝으로 오일러 격자 방식에서는 물질/매체가 불규칙하거나 복잡한 기하학적 구조를 갖는 경우 처리하기가 쉽지 않을 수 있으며, 이러한 불규칙한 형상을 정상적인 계산 영역으로 변환하기 위해 복잡한 메쉬 생성이 필요하며 수치적 매핑비용도 발생한다.

3.2 메쉬프리 방법

FDM, FVM, FEM과 같은 수치기법들은 원래 데이터 포인트의 메쉬 기반으로 정의된다. 즉, 메쉬 위의 각 점은 미리 정의된 고정된 수의 이웃점을 가지며 이러한 이웃 간의 연결성을 사용하면 도함수와 같은 수학적 연산자를 정의할 수 있다. 이러한 연산자를 사용하면 오일러 방정식 또는 N.-S. 방정식과 같은 방정식을 모사하는 방정식을 구성할 수 있다. 시뮬레이션 대상의 물질이 CFD에서와 같이 움직이거나 플라스틱 재료의 시뮬레이션에서와 같이 큰 변형이 일어나는 시뮬레이션에서는 오류를 발생시키지 않고 메시의 연결을 유지하기가 어려울 수 있다. 시뮬레이션 중 메쉬가 엉키거나 변형되는 경우 이 위에 정의된 연산자는 더 이상 올바른 값을 제공하지 않게 된다. 이러한 경우를 극복하려면 메시 재작성이라는 프로세스를 통해 메쉬를 시뮬레이션 중 다시 생성하여야 하며 결국 기존 모든 데이터 포인트는 새롭고 다른 데이터 포인트 세트에 매핑되면서 다시 오류가 발생할 수가 있다.

반면 Meshfree 방법은 임의로 분포되며 연결을 정의하는 메쉬가 없는 노드 혹은 입자들의 세트를 이용하여 적절한 경계 조건의 적분 방정식 또는 PDE에 대한 정확하고 안정적인 수치해를 제공하는 것이다. Meshfree 방법은 다음의 경우에 유익할 수 있다:

- 복잡한 3D 개체의 기하학적 구조로 인해 유용한 메시를 생성하기가 매우 어려운 시뮬레이션

- 균열 시뮬레이션과 같이 노드가 생성되거나 파괴될 수 있는 시뮬레이션
- 굽힘 시뮬레이션과 같이 문제의 형상이 고정된 메쉬 정렬에서 벗어날 수 있는 시뮬레이션
- 비선형 재료 거동, 불연속성 또는 특이성을 포함하는 시뮬레이션

입자 동력학
(Particle Dynamics)

4.1 분자 동력학(Molecular Dynamics)

　분자동역학(MD)은 원자와 분자의 물리적 움직임을 분석하는 컴퓨터 시뮬레이션 방법이다. 원자와 분자는 정해 놓은 시간 동안 시스템 내에서 상호 작용하며 역동적인 전개를 보여준다. 이 때 입자 사이의 힘과 위치 에너지를 구하기 위해 원자사이의 전위차 혹은 분자의 역학적 힘을 사용하며, 원자와 분자의 궤적은 상호 작용하는 입자 시스템에 대한 뉴턴의 운동 방정식을 수치적으로 풀게 된다. 이 방법은 주로 화학물리, 재료과학 및 생체물리 등에 활용된다.

고전적 MD에서 운동방정식은 뉴턴의 제 2 운동법칙에 따라 원자들의 초기 위치와 속도들을 정의하며 Cutoff 거리 내에 있는 모든 원자들간 작용하는 힘을 구하기 위해 힘포텐셜을 사용한다. 이러한 힘들은 다음 계산 시간에서의 원자들의 위치 및 속도들을 구하기 위해 적분하는데 사용된다. 즉, 정해진 입자 i에 대한 뉴턴의 운동법칙을 적으면 다음과 같다.

$$\underline{F}_i = m_i \underline{a}_i \tag{2.4.1}$$

혹은 원자의 속도나 변위로 나타내면 다음과 같다.

$$\underline{F}_i = m_i \frac{d\underline{v}_i}{dt}, \quad \underline{F}_i = m_i \frac{d^2 \underline{x}_i}{dt^2} \tag{2.4.2}$$

여기서 $\underline{F}_i$는 i번째 원자에 작용하는 힘이고, m_i는 원자의 질량 그리고 $\underline{x}_i, \underline{v}_i, \underline{a}_i$는 각각 i번째 원자의 변위, 속도, 가속도 벡터이다. N개의 원자로 구성되는 시스템에서 모든 원자들의 변위 벡터들의 함수인 내부 포텐셜에 의해 i번째 원자에 작용하는 힘은 다음과 같다.

$$\underline{F}_i = -\nabla_i u(\underline{x}_1, \underline{x}_2, \dots, \underline{x}_N) \tag{2.4.3}$$

이러한 내부 포텐셜 함수는 상호작용 포텐셜로도 불리며 원자들에 작용하는 힘과 시스템이 시간에 따라 전개하는 방식을 결정하므로 MD 해석에서 매우 중요하다. 상호작용 포텐셜 함수는 크게 페어 포텐셜 함수와 다물체 포텐셜 함수로 나뉘며[2], 다물체 포텐셜 함수는 수많은 원자들의 다중 영향을 고려하므로 고비용의 계산이 필요하다. 반면 페어

포텐셜 함수는 가장 큰 기여를 하는 거리 $r_{ij}(=|\underline{x}_i - \underline{x}_j|)$에 있는 두 원자 i, j만 고려하며, N 원자 시스템의 전체 포텐셜 에너지는 페어 포텐셜을 사용하면 다음과 같이 표시된다.

$$u(\underline{x}_1, \underline{x}_2, \cdots, \underline{x}_N) = \sum_{i}^{N-1} \sum_{j>i}^{N} u(r_{ij}) \tag{2.4.4}$$

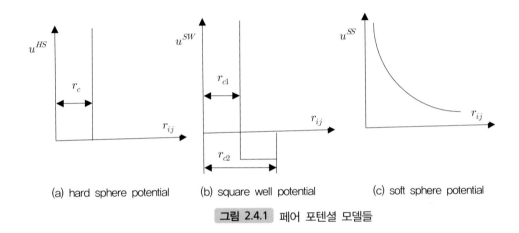

(a) hard sphere potential   (b) square well potential   (c) soft sphere potential

그림 2.4.1 페어 포텐셜 모델들

그림 2.4.1에는 페어 포텐셜 모델들이 나타나 있으며, 강구 포텐셜 모델은 Cutoff 길이 r_c에 따라서 다음과 같은 분포함수를 갖는다.

$$u^{HS}(r_{ij}) = \begin{cases} \infty, \, r_{ij} < r_c \\ 0, \, r_{ij} \geq r_c \end{cases} \tag{2.4.5}$$

r_{c1}과 r_{c2} 두 개의 Cutoff 길이를 갖는 사각우물 포텐셜 모델은 다음과 같은 관계를 갖는다.

$$u^{SW}(r_{ij}) = \begin{cases} \infty, \, r_{ij} < r_{c1} \\ -\epsilon, \, r_{c1} \leq r_{ij} < r_{c2} \\ 0, \, r_{ij} \geq r_{c2} \end{cases} \qquad (2.4.6)$$

또한 soft sphere 포텐셜모델은 반발지수 γ, 상호작용강도 ϵ, 길이스케일 σ에 따른 다음의 분포식을 갖으며 그 형태는 그림 2.4.1(c)에 나타나 있다.

$$u^{SS}(r_{ij}) = \epsilon \left(\frac{\sigma}{r_{ij}} \right)^{\gamma} \qquad (2.4.7)$$

그러나 가장 많이 사용되는 모델은 Lennard-Jones(LJ) 포텐셜 모델로 Cutoff 길이 r_c, 상호작용강도 ϵ, 길이스케일 σ의 파라미터들의 함수로 다음과 같이 표현된다.

$$u^{LJ}(r_{ij}) = 4\epsilon \left[\left(\frac{\sigma}{r_{ij}} \right)^{12} - \left(\frac{\sigma}{r_{ij}} \right)^{6} \right], \, r_{ij} \leq r_c \qquad (2.4.8)$$

LJ 포텐셜은 전자군들 사이 비결합의 중첩으로 인한 강력한 반발력 $1/r_{ij}^{12}$ 항, 전자들의 반데르발스(van der Walls) 상호작용의 $-1/r_{ij}^{6}$ 항으로 구성되며, 액체 Ar 등의 실험적 측정결과와도 잘 일치한다. 그림 2.4.2에는 LJ 포텐셜 모델과 미분치인 상호작용힘 $F(r)$이 나타나 있다.

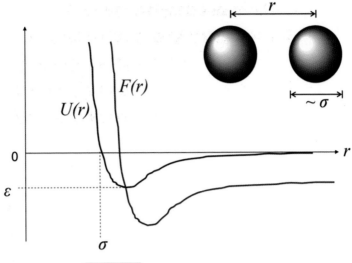

그림 2.4.2 LJ 포텐셜 및 상호작용 힘

상기의 내부 포텐셜을 정의한 후 식 (2.4.1)과 식(2.4.2)의 뉴턴의 운동법칙을 이용하여 시간의 함수인 원자들의 속도들과 변위들을 구하여야 한다. 이는 수치적 적분과정에 속하며 오일러, Runge-Kutta, Leapfrog 등 여러 스킴이 있으나, 에너지와 모멘텀을 보존하고 적분 시간간격인 Δt가 가능한 크면서 안정적인 방법이 가장 효율적이다. 원자의 변위와 속도를 Taylor 전개하여 나타내면 아래 식을 얻을 수 있다.

$$\underline{x}(t+\Delta t) = \underline{x}(t) + \underline{v}(t)\Delta t + \frac{1}{2}\underline{a}(t)\Delta t^2 + ...$$

$$\underline{v}(t+\Delta t) = \underline{v}(t) + \underline{a}(t)\Delta t + ... \qquad (2.4.9)$$

여기서 변위에 대해 Taylor 전진 전개와 후진 전개를 결합하면 Verlet 알고리즘이라는 식을 얻을 수 있다.

$$x(t + \Delta t) = x(t - \Delta t) + 2x(t) + a(t)\Delta t^2 \qquad (2.4.10)$$

즉, 성기 Verlet 알고리즘에서는 전체 에너지의 보전을 확인하기 위해 필요한 속도는 외재적으로 나타나지 않는다. Verlet 알고리즘에 속도를 구하는 알고리즘을 추가하면 다음 식과 같다.

$$x(t + \Delta t) = x(t) + v(t)\Delta t + \frac{1}{2}a(t)\Delta t^2$$

$$v(t + \Delta t) = v(t) + \frac{1}{2}\left[a(t) + a(t + \Delta t)\right] \qquad (2.4.11)$$

전통적인 MD 수치해석방법의 순서를 도식적으로 나타내면 그림 2.4.3과 같으며 다음과 같이 요약될 수 있다.

- 입자들로 구성된 도메인 및 경계조건 선정
- 상호작용 모델의 선택
- 초기조건의 선정(변위 및 속도벡터들)
- 앙상블 NVE, NVT, NPT 등의 선정(여기서 NVE는 원자수/체적/에너지가 일정한 앙상블, NVT는 원자수/체적/온도가 일정한 앙상블, NPT는 원자수/압력/온도가 일정한 앙상블)
- 목표 온도. 밀도/압력의 선정
- 적분기의 선택
- 평형 도달까지 시뮬레이션 수행
- 열역학적 평균 및 입자들의 변위, 속도들의 생성을 위한 시뮬레이션 수행
- 후처리 및 결과분석

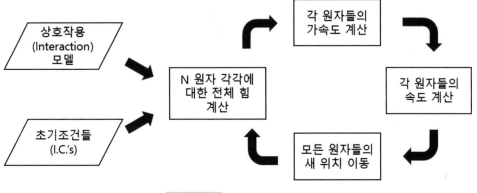

그림 2.4.3 MD 수치해석방법

MD 시뮬레이션을 시작하려면 원자들의 위치좌표, 속도, 시뮬레이션 목표온도의 초기화를 해야 한다. 기본적으로 원자들은 원하는 밀도를 갖도록 구성된 균일 격자에 배치된다. 초기속도들은 랜덤한 방향의 고정된 크기를 갖도록 하며, 정해진 온도에서 가능한 Maxwell-Boltzmann 속도분포를 갖도록 초기화를 한다. 단, 어떤 방향으로도 전체적인 모멘텀이 생기지 않으며, 비주기적 계산을 위해 어느 축 중심의 회전 모멘텀이 발생하지 않도록 하며 ($p = \sum_i^N p_i = \sum_i^N m_i \underline{v}_i = \underline{0}$), 전체 운동에너지는 정해진 온도에 일치해야 하다. 왜냐하면 입자들의 운동에너지 ($K = \sum_i^N \dfrac{m_i v_i^2}{2}$)는 입자들의 속도에 달려 있으며, 또한 운동에너지는 $2 < K > = g k_B T = 3 N k_B T$의 관계에서와 같이 온도에 달려 있기 때문이다.

4.2 Lattice Boltzmann Method(LBM)

그림 2.1.1에 나타난 메조스케일 혹은 course-grain 수치해석을 위해 과거 이십여년에 걸쳐 발전해온 LBM은 Kinetic 이론이 그 수치적 방법의 기초가 된다.[3] 즉, 메조스케일의 Kinetic 이론에서 가스상태의 입자들의 분포는 평균 충돌시간 t_{mfs}에 유사한 시간 간격에 걸쳐 변화하며 이루어지는 것으로 가정된다. 3D 공간상의 변위와 속도 공간에서의 질량의 밀도를 나타내는 입자 분포함수 $f(\underline{x}, \xi, t)$를 이용하면, 매크로한 질량의 밀도와 모멘텀 밀도 그리고 전체 에너지 밀도는 각각 식 (2.4.12), (2.4.13), (2.4.14)로 나타낼 수 있다.

$$\rho(\underline{x},t) = \int f(\underline{x},\xi,t)d^3\xi \tag{2.4.12}$$

$$\rho(\underline{x},t)\underline{u}(\underline{x},t) = \int \xi f(\underline{x},\xi,t)d^3\xi \tag{2.4.13}$$

$$\rho(\underline{x},t)\boldsymbol{E}(\underline{x},t) = \frac{1}{2}\int |\xi|^2 f(\underline{x},\xi,t)d^3\xi \tag{2.4.14}$$

매우 오랜 시간동안 시스템이 전개되면 입자 분포함수는 다음의 평형분포식 $f^{eq}(\underline{x},\xi,t)$을 갖게 된다.

$$f^{eq}(\underline{x}, |\nu|, t) = \rho\left(\frac{1}{2\pi RT}\right)^{3/2} e^{-|\nu|^2/(2RT)} \tag{2.4.15}$$

충돌 operator라는 함수 $\Omega(f)$는 입자 분포함수 f를 시간 미분함으로 얻게 된다.

$$\frac{\partial f}{\partial t} + \xi_\beta \frac{\partial f}{\partial x_\beta} + \frac{\boldsymbol{F}_\beta}{\rho} \frac{\partial f}{\partial \xi_\beta} = \ \Omega(f) \ = \ \frac{df}{dt} \qquad (2.4.16)$$

이러한 충돌은 보전방정식을 만족한다. LBM에서는 아래 식과 같이 더욱 단순한 BGK(Bhatnagar-Gross-Krook) 충돌 operator 모델을 사용한다.

$$\Omega(f) = -\frac{1}{\tau}(f - f^{eq}) \qquad (2.4.17)$$

여기서 τ는 이완(relaxation) 시간이다. 매크로한 보존방정식은 상기 Boltzmann 방정식으로부터 유도될 수 있다. LBM의 기본적 물리량은 다음 식과 같은 이산적 속도분포 함수 $f_i(\underline{x}, t)$이다.

$$\rho(\underline{x}, t) = \sum_i f_i(\underline{x}, t), \quad \rho \underline{u}(\underline{x}, t) = \sum_i \underline{c}_i f_i(\underline{x}, t) \qquad (2.4.18)$$

여기서 $\underline{c}_i$는 변위벡터 $\underline{x}$와 시간 t에서 가중치계수 w_i로 구성된 $\{\underline{c}_i, w_i\}$ 속도 세트를 구성하는 입자의 속도이다. 식 (2.4.16)의 차분화된 Lattice Blotzmann 방정식은 다음과 같다.

$$f_i(\underline{x} + \underline{c}_i \Delta t, \ t + \Delta t) = f_i(\underline{x}, t) + \Omega_i(\underline{x}, t) \qquad (2.4.19)$$

여기서 BGK operator Ω_i는 $\dfrac{f_i - f_i^{eq}}{\tau} \Delta t$이다. 평형 입자 분포함수는 음속을 a_o라고 할 때 다음 식으로 표시된다.

$$f_i^{eq}(\underline{x},t) = w_i\rho\left(1 + \frac{\underline{u} \cdot \underline{c}_i}{a_o^2} + \frac{(\underline{u} \cdot \underline{c}_i)^2}{2a_o^4} - \frac{\underline{u} \cdot \underline{u}}{2a_o^2}\right) \qquad (2.4.20)$$

그림 2.4.4와 같이 LBM 해석과정에서 두 개의 작업 중 첫 부분은 충돌이고 두 번째 부분은 스트리밍(streaming)이다. 충돌과정의 작업은 다음과 같이 표현된다.

$$f^*(\underline{x},t) = f_i(\underline{x},t)\left(1 - \frac{\Delta t}{\tau}\right) + f_i^{eq}(\underline{x},t)\frac{\Delta t}{\tau} \qquad (2.4.21)$$

또한 스트리밍(streaming) 작업은 다음 식과 같다.

$$f_i(\underline{x} + \underline{c}_i\Delta t, t + \Delta t) = f^*(\underline{x},t) \qquad (2.4.22)$$

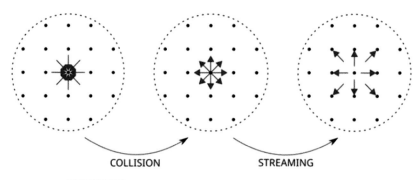

COLLISION   STREAMING

그림 2.4.4 LBM 해석과정에서 입자들의 충돌과 Streaming

LBM의 경계조건으로는 그림 2.4.5와 같이 강체벽면에 부딪치는 입자들은 같은 크기의 반대 방향의 속도로 반사되는 Bounce-Back 모델을 사용한다. 그림의 Ω는 유체를 $\partial\Omega$는 경계를 나타낸다. 그림 2.4.5(a)

의 full-way bounce-back 모델은 streaming 단계에서 유체 입자가 유체노드를 떠나 경계의 고체노드에 도착하며 충돌단계에서 속도가 역방향이 되며, 다음 단계의 streaming 단계에서 경계의 고체노드를 떠나 유체 노드로 방향이 바뀌어 복귀하며 두 단계의 시간간격이 소요된다. 반면, 그림 2.4.5(b)의 half-way bounce-back 모델에서는 충돌단계에 유체노드를 떠나 유체노드와 고체노드의 중간에 있는 경계에 도착한 후 $t + \dfrac{\Delta t}{2}$ 시간에 전파방향이 바뀌게 되어 streaming 단계에서 유체노드로 복귀하게 되며, 전체적으로는 한 개의 시간 간격에서 이루어진다.

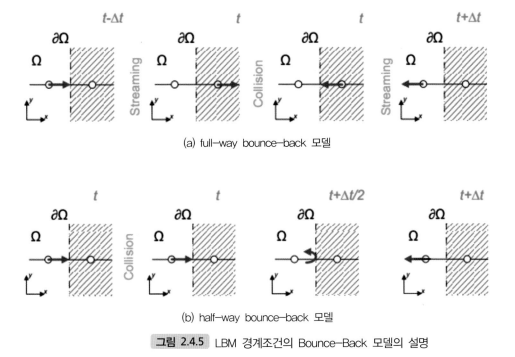

(a) full-way bounce-back 모델

(b) half-way bounce-back 모델

그림 2.4.5 LBM 경계조건의 Bounce-Back 모델의 설명

이동하는 벽면 경계조건에 대해서는 표준의 Bounce-Back 모델에 대한 수정으로 다음과 같이 계산할 수 있다.

$$f_i(\underline{x}_b, t + \Delta t) = f^*(\underline{x}_b, t) - 2w_i \rho_w \frac{\underline{c}_i \cdot \underline{u}_w}{a_o^2} \qquad (2.4.23)$$

여기서 하첨자 w는 벽 경계인 $\underline{x}_b (= \underline{x}_f + \frac{1}{2}\underline{c}_i \Delta t)$에서의 물성치를 나타낸다.

전자기 파동방정식 (Electro-Magnetic Wave Equations)

5.1 맥스웰(Maxwell) 방정식

거시적 수준에서의 전자기적 문제의 해석은 특정 경계 조건에 따른 맥스웰 방정식을 푸는 것이다. 맥스웰 방정식은 전기장 강도 E, 전기변위 또는 전기속밀도 D, 자기장 강도 H, 자속밀도 B, 전류밀도 J, 전하밀도 ρ의 기본적인 전자기적 물리량 사이의 관계를 설명하는 미분 또는 적분 형태의 방정식이다. 맥스웰 방정식은 미분 형식이나 적분 형식으로 공식화되며 여기서는 유한요소법이 처리할 수 있도록 미분 방정식 형태로 표시한다. 일반적인 시간 함수인 전자기장의 경우, Maxwell의 방정식은 다음과 같이 쓸 수 있다.

$$\nabla \times \vec{H} = \vec{J} + \frac{\partial \vec{D}}{\partial t}$$

$$\nabla \times \vec{E} = -\frac{\partial \vec{B}}{\partial t}$$

$$\nabla \cdot \vec{D} = \rho$$

$$\nabla \cdot \vec{B} = 0 \tag{2.5.1}$$

처음 두 방정식은 각각 Maxwell-Ampère 법칙과 Faraday 법칙이라 고도 합니다. 세 번째와 네 번째 방정식은 전기와 자기 형태의 가우스 법칙이다. 또 다른 기본 방정식은 아래의 연속 방정식이다.

$$\nabla \cdot \vec{J} = -\frac{\partial \rho}{dt} \tag{2.5.2}$$

언급한 5개의 방정식 중 3개만이 독립이며. (5.1.1)식의 처음 두 방 정식은 전기적 가우스 법칙 혹은 연속 방정식과 결합하여 독립 시스템 의 형성이 가능하다. 따라서 닫힌 시스템을 얻기 위해 방정식에는 매질 의 거시적 성질을 설명하는 구속 관계를 이용한다. 즉, 다음 식으로 주 어진다.

$$\vec{D} = \epsilon_o \vec{E} + \vec{P}$$

$$\vec{B} = \mu_o (\vec{H} + \vec{M})$$

$$\vec{J} = \sigma \vec{E} \tag{2.5.3}$$

여기서 ϵ_o은 진공 유전율, μ_o는 진공 투과도, σ는 전기 전도도이다. SI 단위시스템에서 진공투과도 (μ_o)는 무차원 미세구조 상수에 비례하며 대략적인 값은 $4\pi \cdot 10^{-7} H/m$이다. 진공에서의 전자기파의 속도는 co로 주어지며, 진공의 유전율은 다음 관계식에서 유도된다.

$$\epsilon_o = \frac{1}{c_o^2 \mu_o} = 8,854 \cdot 10^{-12} F/m = \frac{1}{36\pi} \cdot 10^{-9} F/m \qquad (2.5.4)$$

전기 분극 벡터 $\vec{P}$는 전기장 $\vec{E}$가 존재할 때 물질이 어떻게 분극되는지를 나타낸다. 이는 전기 쌍극자 모멘트의 부피 밀도로 해석될 수 있으며, $\vec{P}$는 일반적으로 $\vec{E}$의 함수이다. 일부 재료는 전기장이 존재하지 않는 경우 $\vec{P}$가 0이 아니다. 자화 벡터 $\vec{M}$은 자기장 $\vec{H}$가 존재할 때 물질이 어떻게 자화되는지를 설명하며 자기 쌍극자 모멘트의 부피 밀도로 해석될 수 있다. 또한 $\vec{M}$은 일반적으로 $\vec{H}$의 함수이다. 예를 들어 영구 자석은 자기장이 없을 때에도 0이 아닌 $\vec{M}$을 갖는다.

$\nabla \times A = \vec{B}$ 관계의 자기 포텐셜 벡터 $\vec{A}$를 정의하여 자속밀도 $\vec{B}$에 대입하여 정리하면, 다음과 같은 포텐셜 파동방정식을 얻게 된다.

$$\nabla^2 \vec{A} = -\mu_o \vec{J} + \mu_o \epsilon_o \frac{\partial^2 \vec{A}}{\partial t^2}$$

$$\nabla^2 \vec{V} = -\frac{\rho}{\epsilon_o} + \mu_o \epsilon_o \frac{\partial^2 V}{\partial t^2} \qquad (2.5.5)$$

여기서 $\vec{E} = -\nabla V - \frac{\partial \vec{A}}{\partial t}$, $\nabla \cdot \vec{A} = -\mu_o \epsilon_o \frac{\partial V}{\partial t}$ 이다.

만일 자유공간을 가정하여 $\vec{J} = 0$ 그리고 $\rho = 0$을 식(5.1.1)에 대입하면 식 (5.1.6)와 같이 진공 및 자유공간에서의 Heaviside 형태의

Maxwell 방정식을 얻게 된다.

$$\nabla \cdot \vec{E} = 0$$

$$\nabla \times \vec{E} = -\frac{\partial \vec{B}}{\partial t}$$

$$\nabla \cdot \vec{B} = 0$$

$$\nabla \times \vec{B} = \mu_o \epsilon_o \frac{\partial \vec{D}}{\partial t} \qquad (2.5.6)$$

이는 전하와 전류가 모두 0인 경우에 해당하는 일반적인 Maxwell 방정식이다. 두 번째와 네 번째의 (5.1.6)식에 Curl을 취하면 다음과 같다.

$$\nabla \times (\nabla \times \vec{E}) = \nabla \times \left(-\frac{\partial \vec{B}}{\partial t}\right) = -\frac{\partial}{\partial t}(\nabla \times \vec{B}) = -\mu_o \epsilon_o \frac{\partial^2 \vec{E}}{\partial t^2}$$

$$\nabla \times (\nabla \times \vec{B}) = \nabla \times \left(\mu_o \epsilon_o \frac{\partial \vec{E}}{\partial t}\right) = \mu_o \epsilon_o \frac{\partial}{\partial t}(\nabla \times \vec{E})$$

$$= -\mu_o \epsilon_o \frac{\partial^2 \vec{B}}{\partial t^2} \qquad (2.5.7)$$

$\nabla \times (\nabla \times \vec{A}) = \nabla(\nabla \cdot \vec{A}) - \nabla^2 \vec{A}$ 의 관계를 이용하여 (5.1.7)식에 대입하여 정리하면 다음의 파동 방정식을 얻게 된다.

$$\frac{1}{c_o^2}\frac{\partial^2 \vec{E}}{\partial t^2} - \nabla^2 \vec{E} = 0$$

$$\frac{1}{c_o^2}\frac{\partial^2 \vec{B}}{\partial t^2} - \nabla^2 \vec{B} = 0 \qquad\qquad (2.5.8)$$

여기서 $c_o = \dfrac{1}{\sqrt{\mu_o \epsilon_o}} = 2.99792458 \times 10^8 \, m/s$의 자유공간 빛의 속도

이다.

다중물리에서 다루어지는 전자기장(EM)과 열유체 역학 사이의 상호 작용은 전자기력과 열 효과가 유체 흐름과 상호 작용하는 복잡한 현상이다. 이러한 상호 작용은 다양한 엔지니어링 및 자연 환경 내 시스템 동작에 큰 영향을 미칠 수 있다. 다음은 EM과 열유체 상호작용이 두드러지는 특정 사례에 대한 자세한 설명이다.

(1) 자기유체역학(MHD) 흐름 제어

MHD는 자기장이 존재하는 전도성 유체 (예: 플라즈마 또는 액체 금속)에 대한 연구를 포함한다. 자기장은 유체에서 생성된 전류와 상호 작용하여 유체 운동에 영향을 미치는 로렌츠 힘을 생성한다. 즉, 로렌츠 힘(Lorentz Force)은 자기장과 유도 전류의 상호 작용으로 생성되어 유체 흐름에 영향을 주며, 자기장의 영향을 받는 유체의 움직임은 환경에 따라 열전달을 강화하거나 억제할 수가 있다. 예로서 MHD 발전기는 자기장을 사용하여 유체 흐름의 운동 및 열 에너지를 전기 에너지로 변환하기도 하며, 야금 공정에서 자기장은 용융 금속의 흐름을 제어하여 혼합 및 응고 공정을 개선한다.

(2) 유도 가열 및 냉각 시스템

유도 가열은 전자기장을 사용하여 전도성 물질을 가열한 다음 열을 주변 유체로 전달한다. 이러한 상호 작용은 정밀한 온도 제어가 필요한 응용 분야에서 매우 중요하다. 교류 자기장은 재료에 전류를 유도하여 저항 손실로 인해 열을 발생시키며, 생성된 열은 주변 유체로 전달되어 온도와 흐름 특성에 영향을 미치게 된다. 응용분야로는 금속 경화, 납땜 및 용융과 같은 공정에 사용되며, 특히 전자 부품에서 생성된 열은 EM 장의 영향을 받는 유체 냉각 시스템을 사용하여 제거될 수 있다.

(3) 핵융합로의 플라즈마 감금

핵융합로는 지구위 별들의 핵융합 과정을 재현하는 것을 목표로 한다. 이를 위해서는 발생하는 강렬한 열을 관리하면서 자기장을 사용하여 고온 플라즈마를 가두는 것이 필요하다. 자기 감금에서 자기장은 고온 플라즈마를 감금하고 안정화하는 데 사용되며, 냉각 시스템은 생성된 극심한 열을 처리하고 원자로 구성품의 손상을 방지하는 데 필수적이다. 적용 예로 토카막(Tokamak) 및 스텔라레이터(Stellarator)는 핵융합을 달성하기 위해 자기장을 사용하여 플라즈마를 가두도록 설계된 장치이다.

(4) 액체금속용 전자기펌프

전자기 펌프는 자기장을 사용하여 기계 부품 없이 액체 금속을 이동시키고, 전자기장과 전도성 유체 사이의 상호 작용을 활용한다. 자기장은 액체 금속의 전류와 상호 작용하여 유체 운동을 유도하는 로렌츠 힘(Lorentz Force)을 생성한다. 이러한 펌프는 액체 금속이 열전달 유체 역할을 하는 시스템에서 열전달을 촉진할 수도 있다. 적용 예로는 고속 증식 원자로에서 나트륨이나 납-비스무트와 같은 액체 금속 냉각제를 이동하는 데 사용되고, 야금 산업에서 용융 금속을 통제된 방식으로 취급하고 처리하는 데 활용된다.

(5) 야금 전자기 교반

야금 공정에서 전자기 교반은 자기장을 사용하여 용융 금속의 흐름을 제어하고 혼합을 향상시키며 재료 특성을 개선할 수 있다. 즉, 전류를 유도하고 용융 금속 내에 흐름 패턴을 생성하는 데 자기장이 활용되며, 혼합이 개선되면 온도 분포가 더욱 균일해지고 재료 특성이 향상된다. 적용 예로는 균일한 조성과 온도를 보장하여 금속 제품의 품질을 향상시키는 연속주조와 원하는 합금 특성을 달성하기 위해 다양한 금속 구성 요소의 혼합을 향상시키는 합금 생산에 활용된다.

(6) 야금 흐름의 전자기 제동

전자기 제동에 전도성 유체의 흐름을 늦추기 위해 자기장을 적용하는 작업이 포함되며, 이는 유체 움직임에 대한 정밀한 제어가 필요한 프로세스에 유용하다. 로렌츠 힘으로 유체 운동에 반대하여 속도를 효과적으로 줄이기도 하며 제동 과정에서 열이 발생할 수 있으며 효과적인 냉각을 해야 한다. 적용 예로 용융 금속 흐름 속도를 제어하고 최종 제품의 품질을 향상시키는 연속 주조 및 압연에 사용되기도 한다.

이와 같이 전자기력과 열유체 역학 간의 상호 작용은 다양한 산업의 과학적인 프로세스의 제어 및 효율성을 향상시킬 수 있다. 이러한 상호 작용을 이해하면 엔지니어와 과학자는 더 나은 시스템을 설계하고 기존 기술을 개선할 수 있다.

탄성론(Elasticity)

6.1 서론

　　응력이 어느 한계를 넘지 않는 동안 외력을 제거하여 응력이 소실됨과 동시에 변형도 소실되어 본래의 상태로 돌아가는 성질을 탄성이라고 한다. 탄성론은 이러한 성질은 응력-변형률관계, 탄성방정식 등등으로 설명하는 학문이다. 역학분야에서 탄성론을 이용하면, 복잡한 수식을 간단히 줄여서 쓸 수 있으므로, 이공계 학생이 추후 역학을 공부할 때에 많은 도움을 줄 수 있다. 더 정확하게 표현하자면 실제 자연에서의 고체 또는 유체를 연속체라는 대상으로 모델링하여 그 동적 거동과 기계적 거동을 해석하는 것이라 할 수 있으며 이는 연속체 역학

(Continuum mechanics)라고 한다. 탄성론은 연속체역학 중 탄성이라는 성질에 중점으로 기술되어 있는 학문이며, 재료역학, 구조역학에 상관성이 높다. 연속체 역학을 분류하여 나타내면 그림 2.6.1과 같다.

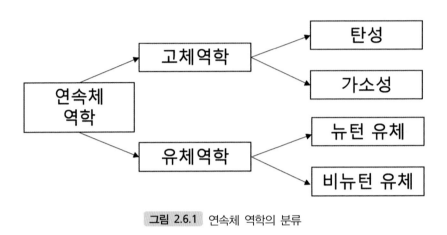

그림 2.6.1 연속체 역학의 분류

그림 2.6.1에서 고체역학은 고정된 형상을 가진 연속체인 고체에 대한 물리적 현상을 연구하는 학문이며, 유체역학은 유체의 물리적 성질을 다룬다. 유체의 성질 중 중요한 한 가지는 점성이라고 할 수 있다. 물질 중 점탄성(visco-elasticity)을 가진 것도 있다. 점탄성은 점성(viscosity)과 탄성이 복합된 성질을 뜻하며, 이 경우에는 고체역학과 유체역학사이의 구분이 모호해지지만 연속체역학으로 충분히 방정식을 구성하고 해를 구할 수 있다.

다중물리 3차원 해석을 수행하기 위해서는 연속체역학을 공부하는 이유는 해석하고자 하는 문제가 변위에 관련된 것인지, 힘에 관한 내용인지를 파악하기 힘든 경우가 있고, 해석 수행결과가 물리적으로 타당한 결과인지 분석할 수 있는 기본 지식배경으로 활용될 수 있기 때문이다. 정확한 문제 해결 능력과 결론 도출 능력을 양성하기 위해서는 기본적인 연속체 역학 내용을 숙지하고 있어야 한다.

이 장에서는 연속체 역학에 대해 전부 서술하지 않고, 꼭 알아야 할 기초적인 내용을 위주로 다루려고 한다. 연속체 역학(해당 장은 탄성론)을 공부하기 위해서는 벡터, 텐서와 관련한 기초적인 표기 방법과 의미를 중점으로 학습하기 바란다.

물체가 힘을 받아 크기 또는 형상이 변화하면 그 물체를 구성하는 입자들이 일정한 거리를 이동하게 된다. 이것을 일반적으로 변위(Displacement)라고 한다. 변위는 물제의 병진, 회전 운동에 관련되어 있고, 크기 또는 형상 변화에는 관련이 없다. 변위에 대한 예를 들면, 수직막대를 벽에 부착하고 그림 3.5와 같이 상단 표면에 전단력을 받는다고 가정했을 때, 초기 지점 P는 전단력에 의해 지점 Q로 이동한다. 이때 지점 P의 변위 벡터는 u는 $u = \overrightarrow{PQ}$ 로 표현할 수 있다.

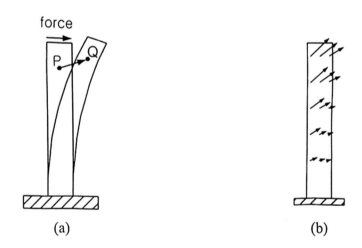

그림 2.6.2 (a) 전단력을 받는 수직 막대 (b) 변위 벡터장 결과

일반적으로 변형은 탄성한계 이상의 힘이 가해졌을 경우에 발생한다. 이러한 변형을 정량화하기 위해서 변형과 변형률에 대해서 알고 있어야 한다. 구조물의 임의의 점에서 측정한 점의 길이 변화를 3.2.7의 변위라고 할 수 있다. 변형(Deformation)은 변위와 달리 외력에 의해 물체의 각 지점이 상대적인 변화를 가질 경우를 말하며, 이것은 형상변화를 뜻하기도 한다. 이때, 변형은 δ로 표기한다. 변형이 일어난 경우에 외력과 물체 형상에 따라 변형량은 달라지므로 변형의 상대적 크기를 측정하기 위한 개념이 변형률(Strain)이다. 변형률은 수직변형률(Normal strain), 전단변형률(Shearing strain)로 구분하며 각각 ϵ(수직변형률), γ(전단변형률)로 표기한다. 수직변형률은 물체의 인장 또는 수축으로 인해 발생한 크기 변화를 의미하며, 전단변형률은 물체형상의 변화를 의미한다.

그림 2.6.3은 변형을 설명하는 예시이다. 변형 전에 지점 P_o에서 지점 P로 향하는 벡터 r이 있다고 가정하자. 물체에 외력이 가해지면 물체가 변형하기 전과 변형한 후에 크기와 형상이 달라져 있을 것이다. 이때, 벡터 r은 벡터 r'로 변형되며, 이러한 변형은 데카르트 좌표계를 통해 다시 표현할 수 있다. 데카르트 좌표를 통해 지점 P_o와 지점 P의 변위 벡터를 각각 u^0로 u로 정의하며 테일러 급수를 이용하여 다음과 같이 표현할 수 있다.

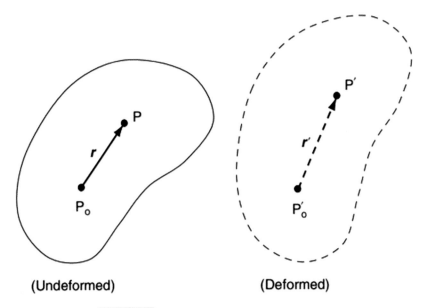

(Undeformed)　　　　　　　　(Deformed)

그림 2.6.3 근접한 두 지점의 대한 변형의 예시

$$u = u^0 + \frac{\partial u}{\partial x} r_x + \frac{\partial u}{\partial y} r_y + \frac{\partial u}{\partial z} r_z \tag{2.6.1}$$

$$v = v^0 + \frac{\partial v}{\partial x} r_x + \frac{\partial v}{\partial y} r_y + \frac{\partial v}{\partial z} r_z$$

$$w = w^0 + \frac{\partial w}{\partial x} r_x + \frac{\partial w}{\partial y} r_y + \frac{\partial w}{\partial z} r_z$$

여기서 u, v, w는 변위 벡터의 데카르트 성분이다. 따라서 r의 변화는 다음과 같이 표현할 수 있다.

$$\triangle r = r' - r = u - u^0 \tag{2.6.2}$$

식 (2.6.1)과 (2.6.2)를 결합하여 다시 작성하면

$$\triangle r_x = \frac{\partial u}{\partial x} r_x + \frac{\partial u}{\partial y} r_y + \frac{\partial u}{\partial z} r_z \qquad (2.6.3)$$

$$\triangle r_y = \frac{\partial v}{\partial x} r_x + \frac{\partial v}{\partial y} r_y + \frac{\partial v}{\partial z} r_z$$

$$\triangle r_z = \frac{\partial w}{\partial x} r_x + \frac{\partial w}{\partial y} r_y + \frac{\partial w}{\partial z} r_z$$

으로 표현할 수 있으며, Index notation은 다음과 같이 표현한다.

$$\triangle r_i = u_{i,j} r_j \qquad (2.6.4)$$

텐서 $u_{i,j}$는 변위 기울기 텐서로 불리며, 다음과 같이 쓸 수 있다.

$$u_{i,j} = \begin{bmatrix} \dfrac{\partial u}{\partial x} & \dfrac{\partial u}{\partial y} & \dfrac{\partial u}{\partial z} \\[2mm] \dfrac{\partial v}{\partial x} & \dfrac{\partial v}{\partial y} & \dfrac{\partial v}{\partial x} \\[2mm] \dfrac{\partial w}{\partial x} & \dfrac{\partial w}{\partial y} & \dfrac{\partial w}{\partial z} \end{bmatrix} \qquad (2.6.5)$$

앞선 내용은 일반적인 관계에 대해서 정리한 내용이다. 그림 3.7은 기하학적인 요소를 추가하여 설명한 그림이고, 직사각형 요소의 2차원 변형을 보여주는 예시이다. 기준점 A의 좌표는 (x,y)이며, 이점의 변위 성분은 $u(x,y)$와 $v(x,y)$로 표현할 수 있다. 지점 B도 A의 좌표를 통해 $u(x+dx,y)$와 $v(x+dx,y)$로 표현할 수 있다. 다른 지점 C,D도 동일한 방법으로 정의 할 수 있다.

그림 2.6.4에 나타낸 변위 벡터 A,B,D를 수식으로 표현하면 식 (2.6.6)과 같다.

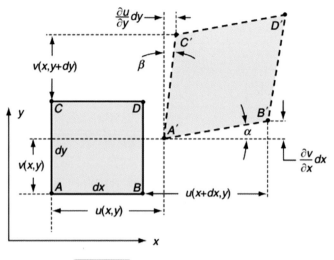

그림 2.6.4 2차원 기하학적 변형 예시

$$Point \ \ A \rightarrow A'; (u,v) \tag{2.6.6}$$

$$Point \ \ B \rightarrow B'; \left(u + \frac{\partial u}{\partial x}dx, \ v + \frac{\partial u}{\partial x}dx\right)$$

$$Point \ \ D \rightarrow D'; \left(u + \frac{\partial u}{\partial y}dy, \ v + \frac{\partial u}{\partial y}dy\right)$$

여기서 수직변형률 e_x는 $e_x = \dfrac{A'B' - AB}{AB}$ 로 정의된다. 다르게 표현하면, $e_x = \dfrac{\partial u}{\partial x}$ 이 된다.

유사하게 y방향의 수직 변형률도 $e_y = \dfrac{A'D' - AD}{AD} = \dfrac{\partial v}{\partial y}$ 로 정의할 수 있다. 전단변형은 연속체에서 직교하는 두 방향 사이의 각도변화로 정의한다.

그림 6.3.2를 기준으로 전단변형률 γ는 다음과 같이 정의할 수 있다.

$$\gamma = \pi/2 - \angle C'A'B' = \alpha + \beta \tag{2.6.7}$$

변형이 매우 적을 경우에는 $\alpha \approx \tan\alpha$와 $\beta \approx \tan\beta$로 변환하여 계산 할 수 있다. 따라서 전단변형률을 다시 표현하면 다음과 같다.

$$\gamma_{xy} = \frac{\dfrac{\partial v}{\partial x}dx}{dx + \dfrac{\partial u}{\partial x}dx} + \frac{\dfrac{\partial u}{\partial y}dy}{dy + \dfrac{\partial v}{\partial y}dy} = \frac{\partial u}{\partial y} + \frac{\partial v}{\partial x} \tag{2.6.8}$$

6.4 변형률-변위 방정식

법선변형률 ϵ_x와 법선변형률 ϵ_y 그리고 전단변형률 γ_{xy}를 참조하여 변형률-변위 방정식을 구성할 수 있다. 기하하적 대칭조건에 의해서 $\gamma_{xy} = \gamma_{yx}$, $\gamma_{yz} = \gamma_{zy}$, $\gamma_{zx} = \gamma_{xz}$ 가 성립된다. 3차원에서는 모든 변위가 좌표로 주어지는 것을 유의해야 한다. 직교좌표계에서는 일반적으로 $u = u(x, y, z)$, $v = v(x, y, z)$, $w = w(x, y, z)$으로 좌표를 표현한다.

외력에 의해 물체의 변형이 일어나게 되고, 이로 인해 응력이 발생하게 된다. 힘이 어떻게 작용하는 가에 따라, 힘은 선력(Line force), 표면력(Surface force), 체적력(body force)로 구분된다. 선력은 물체의 선을 따라 작용하는 힘으로서 표면장력과 같은 힘을 말한다. 표면력을 물체의 면을 기준으로 작용하는 힘이고, 체적력은 중력과 같이 물체의의 체적 전체에 작용하는 힘이다. 이러한 힘 중에서 물체 내부는 표면력과 체적력이 분포하고 이 두 개의 힘을 고려하게 된다. 표면력은 두 물체간의 접촉에 의해서 발생하는 것을 말하며, 체적력은 물체의 질량과 관련된 힘이 주요 예시(중력, 전자기력, 관성 등등)이다.

물체 내부의 미소면적에 작용하는 단위 면적당 표면력을 응력이라고 정의할 수 있으며 식은 다음과 같다.

$$t^{(n)} = \lim_{\triangle A \to 0} \frac{\triangle f}{\triangle A} \tag{2.6.9}$$

여기서 $t^{(n)}$ 은 응력 벡터, $\triangle A$는 미소면적, $\triangle f$는 표면력을 의미한다. 식 (6.8)에 표현한 응력벡터는 한 면의 작용하는 응력만을 표현한 것이다. 응력을 조금 더 정확히 서술하기 위해서는 한 면에서 작용하는 힘이 아닌 여러 면에 작용하는 응력 벡터를 고려해야 한다.

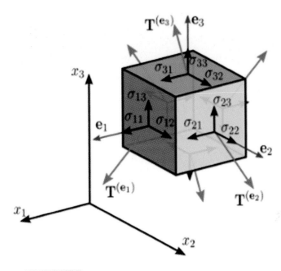

그림 2.6.5 6면체에 작용하는 응력 벡터와 성분

　그림 2.6.5는 물체 내부의 한 점을 정육면체로 표현하고 대표적인 3개의 면 위에서 각각 x_1, x_2, x_3 방향으로 응력이 작용하는 것을 표현한 것이다. 그림 6.5.1에서 x_1, x_2, x_3가 오일러 방식에 의한 좌표계(Eulerian coordinates)로써 응력텐서가 서술되었다면 이 응력을 코시 응력텐서라고 부를 수 있으며 대칭성을 갖게 된다. 따라서 응력텐서 T는 다음과 같이 기술할 수 있다.

$$T = \begin{pmatrix} \sigma_{11} & \sigma_{12} & \sigma_{13} \\ \sigma_{21} & \sigma_{22} & \sigma_{23} \\ \sigma_{31} & \sigma_{32} & \sigma_{33} \end{pmatrix} \tag{2.6.10}$$

6.6 선형 탄성모델

선형 탄성모델은 정의된 하중 조건으로 인해 고체 물체가 어떻게 변형되고 내부적으로 응력을 받는지에 대한 수학적 모델이다. 보다 일반적인 비선형 탄성 이론과 연속체 역학의 한 분야의 단순화 결과이다. 여기서 탄성이란 변형하중을 제거하면 원래의 모양과 크기로 되돌아가는 특성이며, 선형은 응력과 변형의 관계를 말한다. 선형탄성론은 1678년 Robert Hooks에 의한 "ut tensio sic vis"라는 법칙, 즉 "인장은 힘에 비례한다"는 법칙으로부터 시작한다.

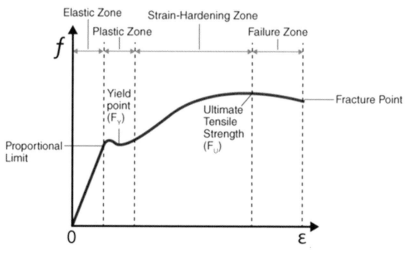

그림 2.6.6 일축방향 재료의 응력과 변형율 선도

삼차원 물체에서는 길이방향의 변형뿐만 아니라 6개 성분의 변형율이 모든 위치마다 존재한다. Cauchy 등은 앞서 설명한 Hooke의 법칙으로 알려진 응력들과 변형율들의 관계를 선형적이며 균일한 함수관계로 나타내었다. 만일 고체 내 한 점에서 모든 방향으로 탄성적 특성이 같다면 등방형 탄성체라고 하며, 그렇지 않은 재료를 비등방(anisotropic)이라고 한다. 또한 고체 내부 모든 점에서 재료물성치가 동일한 경우를 균질(homogeneous)체라고 한다. 6.5절에서 살펴본 6면체에 Hooke 법칙을 적용하면 재료의 x-방향 인장(법선) 변형율은 Young's Modulus라는 비례상수 E와 함께 다음 식으로 표현된다.

$$e_{xx}^{(1)} = \frac{1}{E}\sigma_{xx} \tag{2.6.11}$$

또한 y 및 z-방향 변형율은 x-방향 인장으로 인해 측면으로는 수축하게 되어 다음과 같다.

$$e_{yy}^{(1)} = e_{zz}^{(1)} = -\nu e_{xx} = -\frac{\nu}{E}\sigma_{xx} \tag{2.6.12}$$

여기서 재료 상수 ν를 고체의 포아송(Poisson)비라고 하며, 마찬가지로 다른 방향의 인장에 의해 식 (2.6.13)과 식 (2.6.14)를 얻을 수 있다.

$$e_{xx}^{(2)} = -\frac{\nu}{E}\sigma_{yy}, \quad e_{yy}^{(2)} = \frac{1}{E}\sigma_{yy}, \quad e_{zz}^{(2)} = -\frac{\nu}{E}\sigma_{yy} \tag{2.6.13}$$

$$e_{xx}^{(3)} = -\frac{\nu}{E}\sigma_{zz}, \quad e_{yy}^{(3)} = -\frac{\nu}{E}\sigma_{zz}, \quad e_{zz}^{(3)} = \frac{1}{E}\sigma_{zz} \tag{2.6.14}$$

앞서 설명한데로 응력과 변형율의 선형적 관계와 중첩의 원리를 이용하면 그림 6.5.1의 육면체 x1(x), x2(y), x3(z) 방향의 법선 변형율 $\epsilon_{11}(=e_{xx})$, $\epsilon_{22}(=e_{yy})$, $\epsilon_{33}(=e_{zz})$는 아래 식으로 표현된다.

$$e_{xx} = \frac{1}{E}[\sigma_{xx} - \nu(\sigma_{yy} + \sigma_{zz})], \ e_{yy} = \frac{1}{E}[\sigma_{yy} - \nu(\sigma_{xx} + \sigma_{zz})],$$

$$e_{zz} = \frac{1}{E}[\sigma_{zz} - \nu(\sigma_{xx} + \sigma_{yy})] \tag{2.6.15}$$

만일 그림 2.6.5의 육면체에 $\sigma_{12}(=\sigma_{xy})$, $\sigma_{13}(=\sigma_{xz})$, $\sigma_{23}(=\sigma_{yz})$의 전단응력이 작용하면, 전단변형율 $\gamma_{12}(=e_{xy})$, $\gamma_{13}(=e_{xz})$, $\gamma_{23}(=e_{yz})$는 전단탄성율(shear modulus) μ를 이용하며 다음 식으로 나타내진다.

$$2e_{xy} = \frac{1}{\mu}\sigma_{xy}, 2e_{xz} = \frac{1}{\mu}\sigma_{xz}, 2e_{yz} = \frac{1}{\mu}\sigma_{yz} \tag{2.6.16}$$

식(2.6.15)과 식(2.6.16)으로 주어진 인장 및 전단 변형율은 서로 독립적이며, 세 개의 인장응력과 세 개의 전단응력을 다시 쓰면 다음과 같다.

$$\sigma_{xx} = \lambda d + \frac{E}{1+\nu}e_{xx,} \ \sigma_{yy} = \lambda d + \frac{E}{1+\nu}e_{yy,}$$

$$\sigma_{zz} = \lambda d + \frac{E}{1+\nu}e_{zz} \tag{2.6.17}$$

$$\sigma_{xy} = 2\mu e_{xy}, \ \sigma_{xz} = 2\mu e_{xz}, \sigma_{yz} = 2\mu e_{yz} \tag{2.6.18}$$

여기서 $d = e_{xx} + e_{yy} + e_{zz}$이며, $\lambda = \dfrac{\nu E}{(1+\nu)(1-2\nu)}$이다. 세 개의 재료 상수들인 E, μ, ν와의 관계는 다음 식과 같다.

$$\mu = \frac{E}{2(1+\nu)} \tag{2.6.19}$$

이 식으로부터 등방성 재료는 2개의 물성치 재료상수로 표현될 수 있으며, 이 때 λ와 μ를 Lamé 상수라고 한다.

$$E = \frac{\mu(3\lambda+2\mu)}{\lambda+\mu}, \quad \nu = \frac{\lambda}{2(\lambda+\mu)} \tag{2.6.20}$$

수직변형율 e_{xx}, e_{yy}, e_{zz}와 전단변형율 e_{xy}, e_{yz}, e_{xz}를 모두 포함하는 변형율 텐서로 ϵ_{ij}를 사용하고, 인장응력 σ_{xx}, σ_{yy}, σ_{zz}와 전단응력 σ_{xy}, σ_{yz}, σ_{xz}를 모두 나타내는 응력 텐서를 σ_{ij}로 표현하면, 등방성 재료의 응력 텐서와 변형율 텐서 사이의 관계는 다음 식으로 표시된다.

$$\sigma_{ij} = (\lambda d)\delta_{ij} + 2\mu\epsilon_{ij} = (\lambda\epsilon_{kk})\delta_{ij} + 2\mu\epsilon_{ij} \tag{2.6.21}$$

변형율 텐서 ϵ_{ij}에 대해 식 (2.6.5) 변위 텐서와의 관계인

$\epsilon_{ij} = \dfrac{1}{2}\left(\dfrac{\partial u_i}{\partial x_j} + \dfrac{\partial u_j}{\partial x_i}\right)$를 이용하여 식 (2.6.21)에 대입하면, 다음 식을 얻게 된다.

$$\sigma_{ij} = (\lambda u_{k,k})\delta_{ij} + \mu\left(\frac{\partial u_i}{\partial x_j} + \frac{\partial u_j}{\partial x_i}\right) \tag{2.6.22}$$

입자들의 덩어리에 대한 운동량의 시간 변화율은 입자 덩어리에 작용하는 힘과 같으므로 다음 식으로 표시된다: $\frac{d}{dt}(m\underline{v}) = m\underline{a} = \underline{F}$. 여기서 힘벡터 $\underline{F}$를 물체체적에 작용하는 힘인 $\underline{f}$와 표면에 작용하는 힘인 $\tilde{\sigma} \cdot \underline{n}$으로 표현하면 다음과 같이 나타내진다.

$$\nabla \cdot \tilde{\sigma} + \rho\underline{f} = \rho\frac{D\underline{v}}{Dt}$$

$$\frac{\partial \sigma_{ji}}{\partial x_j} + \rho f_i = \rho\left(\frac{\partial v_i}{\partial t} + v_j\frac{\partial v_i}{\partial x_j}\right) \tag{2.6.23}$$

상기 식 (2.6.23)의 σij에 구성 관계인 식 (2.6.21)을 대입하면 Navier라고 하는 방정식을 얻는다.

$$(\lambda + \mu)\frac{\partial}{\partial x_i}u_{k,k} + \mu\frac{\partial^2 u_i}{\partial x_j^2} + \rho f_i = \rho\frac{Dv_i}{Dt}$$

$$(\lambda + \mu)\nabla(\nabla \cdot \underline{u}) + \mu\nabla^2\underline{u} + \rho\underline{f} = \rho\frac{D\underline{v}}{Dt} \tag{2.6.24}$$

상기 (2.6.24)식을 변위에 대한 방정식으로 나타내면 식 (2.6.25) 및 벡터 identity를 이용하면 식 (2.6.26)을 얻는다.

$$(\lambda + \mu)\nabla(\nabla \cdot \underline{u}) + \mu\nabla^2\underline{u} + \rho\underline{f} = \rho\underline{u}_{tt} \tag{2.6.25}$$

$$(\lambda + 2\mu)\nabla(\nabla \cdot \underline{u}) - \mu\nabla \times \nabla \times \underline{u} + \rho\underline{f} = \rho\underline{u}_{tt} \tag{2.6.26}$$

상기 Navier 식 (2.6.26)에 Divergence ($\nabla \cdot$식 (2.6.26))와 Curl ($\nabla \times$식 (2.6.26))을 취하면 비균일 파동방정식인 식 (2.6.27)과 식 (2.6.28)을 각각 얻게 된다.

$$\left(\frac{\partial^2}{\partial t^2} - C_1^2 \nabla^2\right)(\nabla \cdot \underline{u}) = \nabla \cdot \left(\frac{f}{\rho}\right) \tag{2.6.27}$$

$$\left(\frac{\partial^2}{\partial t^2} - C_2^2 \nabla^2\right)(\nabla \times \underline{u}) = \nabla \times \left(\frac{f}{\rho}\right) \tag{2.6.28}$$

여기서 파동속도 C1과 C2는 각각 체적 섭동인 $\text{div}(\underline{u})$의 P-wave 전파속도 및 회전 섭동인 $\text{curl}(\underline{u})$의 S-wave 전파속도가 된다:

$$C_1 = \sqrt{(\lambda + 2\mu)/\rho}, \quad C_2 = \sqrt{\mu/\rho}.$$

일반 전달 유동
(General Transport Flows)

7.1   전달 유동 방정식

유체 물성 혹은 유동변수 F의 전달에 대한 일반적인 방정식을 직교 좌표계에 대한 텐서형식으로 표현하면 다음과 같다.

$$\frac{\partial}{\partial t}(\alpha F) + \frac{\partial}{\partial x_i}(\beta V_i F) = \frac{\partial}{\partial x_i}\left(\Gamma_e^F \frac{\partial F}{\partial x_i}\right) + m_{inj}F_{inj} + S_F - s_F \alpha F$$

$$(2.7.1)$$

상기 식 (2.2.1)의 기호들의 설명은 다음과 같다.

t : 시간 독립변수

α : 축적되는 물리량 항의 계수

ρ : 유체질량 밀도

F : 전달 물리량

β : 대류항 계수

V_i : i 방향의 속도성분

Γ_e^F: 확산(Diffusivity) 텐서

m_{inj}: 단위 체적당 단위 시간당 주입되는 질량

F_{inj}: 주입되는 질량이 갖는 물리량의 양

S_F : F 생성항

s_F : 물리량 F의 반응율 혹은 제거율 계수

식 (2.7.1)의 F에 밀도 ρ, 속도성분 U, V, W, 정지 엔탈피 h_o, 난류에너지 k, 그리고 소산율 ϵ을 대입하면 연속방정식, 세 가지 성분의 운동량 방정식, 에너지보존 방정식, 난류에너지방정식 및 소산방정식을 얻게 된다. 여기서 난류에너지 k와 정지엔탈피 h_o는 다음 식들로부터 주어진다.

$$k = \frac{1}{2}[\overline{u'^2} + \overline{v'^2} + \overline{w'^2}]$$

$$h_o = \sum_j m_j h_j + \frac{1}{2}[U^2 + V^2 + W^2] + k$$

$$h_j = h_j^o + \int_T C_{P_j} dT$$

$$\sum_j m_j = 1 \tag{2.7.2}$$

$\overline{u'^2}$, $\overline{v'^2}$, $\overline{w'^2}$는 각각 U, V, W 난류성분들의 자기상관(auto-correlation)값이며, m_j, h_j, h_j^o, C_p^j는 j번째 화학종(chemical species)의 질량 분율, 엔탈피, 생성열, 정압비열을 각각 나타낸다. T는 유체의 온도이다.

기본 변수인 F에 대한 보존 방정식인 식 (2.1.1) 내 계수들과 생성항의 형태는 표 (2.7.1)에 주어진다.

[표 2.7.1] 변수 F에 대한 보존방정식 내 계수 및 기본 생성항

F	α	β	Γ_e^F	S_F	s_F
ρ	1	1	0	0	0
U	ρ	ρ	μE	S_1	0
V	ρ	ρ	μE	S_2	0
W	ρ	ρ	μE	S_3	0
h_o	ρ	ρ	Γ_e^h	$P_k + 2(R_x + R_y + R_z - 3E)$	0
k	ρ	ρ	μE	P_k	ε/k
ε	ρ	ρ	Γ_e^ϵ	$C_{\varepsilon 1} P_k \varepsilon/k$	$C_{\varepsilon 2} \varepsilon/k$

상기 표 2.7.1 내 S_i 즉, (S_1, S_2, S_3) 및 P_k에 대한 관계는 식 (2.7.3)에 나타나 있다.

$$S_i = -\frac{\partial p}{\partial x_i} + \rho g_i - \frac{4}{3}\frac{\partial V_j}{\partial x_i}\frac{\partial \mu_e}{\partial x_j} - \frac{1}{3}\mu_e\frac{\partial D}{\partial x_i}, \quad D = \frac{\partial V_i}{\partial x_i}$$

$$P_k = \mu_e\left(\frac{\partial V_j}{\partial x_i} + \frac{\partial V_i}{\partial x_j}\right)\frac{\partial V_j}{\partial x_i} - \frac{2}{3}(\rho k + \mu_e D)D + \frac{\mu_e}{\rho^2}\frac{\partial \rho}{\partial x_i}\frac{\partial p}{\partial x_i}$$

$$(2.7.3)$$

표 2.7.1에 나타난 실질적 점도인 μ_E는 유체 물성치인 분자점도인 μ 와 난류점도인 μ_T의 합으로 표시된다. 난류점도는 $k-\epsilon$ 난류모델에서 는 식 (2.7.4)로 가정된다.

$$\mu_T = C_\mu \rho \frac{k^2}{\epsilon} \tag{2.7.4}$$

여기서 C_μ는 경험적 상수이다. 또한 미지수 F에 대한 식 (2.2.1) 의 확 산 계수 Γ_e^F는 다음 식 (2.7.5)로 표현될 수 있다.

$$\Gamma_e^F = \frac{\mu}{\sigma^F} + \frac{\mu_T}{\sigma_t^F} \tag{2.7.5}$$

여기서 σ^F는 물리량 F에 대한 무차원 Prandtl수 혹은 무차원 Schmidt 수이고, σ_t^F는 물리량 F에 대한 난류 Prandtl수 혹은 Schmidt수 이다. 그런데 실질적인 무차원 Prandtl수 혹은 무차원 Schmidt수 인 σ_e^F를 이용하면 $\Gamma_e^F = \dfrac{\mu_e}{\sigma_e^F}$의 관계로 나타낼 수 있으므로,

$\sigma_e^F = \dfrac{\mu_e \sigma^F \sigma_t^F}{(\sigma^F \mu_t + \sigma_t^F \mu)}$의 관계가 얻어진다.

난류 유동
(Turbulent Flow)

8.1 난류의 이해

난류(Turbulence)는 유체 역학에서 난류 유동이라고도 불리며 유동
내 압력과 유속이 불규칙한 변화를 동반하는 것이 특징이다. 이것은 유
체 유동층의 불안정 운동 없이 평행하게 흐르는 층류 혹은 층류 유동과
는 대조적 개념이다. 난류는 급한 파도, 빠르게 흐르는 강, 폭풍우 구
름, 굴뚝 연기 등과 같이 일상적인 환경에서도 흔히 관찰되며, 자연에
서 발생하는 대부분의 유동 및 공학적 응용으로 개발된 많은 시설 및
장치 관련 유체유동은 난류이다. 난류는 부분적 유체 유동에서 과도하
게 운동 에너지를 일으키며 유체 점도에 의한 감쇠적 영향을 극복하게

한다. 따라서 난류는 일반적으로 낮은 점도의 유체에서 발생하여 시간 변동의 다양한 크기의 와동이 서로 에너지를 주고 받으며 결과적으로는 마찰로 인한 항력을 증가시킨다. 예를 들어 파이프를 통해 유체를 공급하는데 필요한 에너지가 난류로 인해 증가하게 된다. 이러한 난류의 세기는 바다 어류 생태, 공기오염 형태, 강우량 분포 및 기후변화에 이르기까지 광범위하다.

난류의 특성은 '비규칙성(randomness)', '확산성(diffusivity)', '와도 섭동성(vorticity fluctuation)', '소멸성(dissipation)' 등이 있다. 먼저 비규칙성을 살펴보면 다음의 세 가지로 요약될 수 있다:

- 유동의 성질이라고 할 수 있는 속도, 온도, 압력, 밀도, 농도 등 $(u, T, p, \rho, c, ...)$이 시간과 공간에서 불규칙하게 변화한다.
- 난류 유동의 지배방정식이 존재하므로 난류는 엄밀히 말하면 랜덤 프로세스는 아니다.
- 불규칙하고 급한 변동성으로 난류는 구조물의 유동유발 진동, CAT(Clean Air Turbulence), 항공기 날개 플러터링. 건물에서와 같은 대규모의 섭동현상, 제트소음을 일으킨다.

두 번째 특성은 모멘텀, 열 및 물질농도의 높은 확산성이다. 유체역학의 많은 문제들은 마찰저항(항력), 양력, 확산율, 혼합율 등으로 이들은 유체 및 유동의 아래 세 가지 확산성에 달려있다.

유동 형태	매개체	운동량	열전달	물질
층류	분자들	$\nu = \mu/\rho$	$\alpha = k/(\rho C_p)$	D
난류	난류 에디(eddy)	$\nu_t = \mu_t/\rho$	α_t	D_t

차원해석을 활용하면 ν_t의 차원은 $\left[\dfrac{m^2}{\sec}\right] = \left[\dfrac{m}{\sec}\right][m] = [V][L]$로서 나타낼 수 있으므로, $[V] \approx u' = IU$ ($Turbulent\,Intensity\,I \approx 0.03 \sim 0.08$)이 된다. 그런데 $\dfrac{\nu_t}{\nu} = \dfrac{IUL}{\nu} = I \cdot Re > 100$이므로 난류는 결국 마찰, 저항, 열전달, 혼합 및 확산을 증진하게 됨을 알 수 있다. 그림 2.8.1에는 유체 경계층 내에서 모멘텀 전달에 주도적 영향을 주는 전단 응력 크기의 분포를 비교해 보여준다.

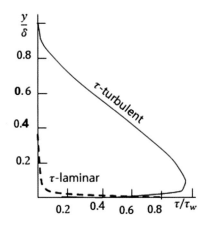

그림 2.8.1 경계층 내 전단응력 크기의 분포 비교

또한 앞서 차원해석에서 가정한 난류의 높은 레이놀수의 영향을 살펴보기 위해 2차원의 비압축성 N-S 방정식을 다시 쓰면 아래 식과 같다.

$$\rho\left(\frac{\partial u}{\partial t}+u\frac{\partial u}{\partial x}+v\frac{\partial u}{\partial y}\right)=-\frac{\partial p}{\partial x}+\mu\frac{\partial^2 u}{\partial y^2} \tag{2.8.1}$$

그런데 레이놀즈수 Re는 대류가속도 힘과 점성력의 비로서 그 크기는 다음과 같다:

$$\rho v\frac{\partial u}{\partial y}\Big/\left(\mu\frac{\partial^2 u}{\partial y^2}\right)=\frac{\rho v L}{\mu}\ (\text{여기서}\ L\equiv\frac{\partial u}{\partial y}\Big/\frac{\partial^2 u}{\partial y^2}\ \text{이다}).$$

따라서 그림 (2.8.2)에서와 같이 Re수가 클 경우에는 전단력이 작용하는 상대층의 유체대류 가속도 힘이 점성력보다 커서 뒤집히는 원운동을 하게 되며 y-방향 속도가 발생하므로 계속적인 난류 생성을 유지하게 된다.

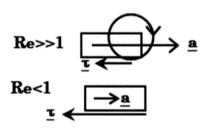

그림 2.8.2 Re수에 따른 단면층 작용 가속도 힘과 점성력의 관계

세 번째 특성은 삼차원의 와도섭동성이다. 와도는 아래 그림과 같이 회전 유동의 회전축 중심의 회전속도 Ω로 표시할 수 있다. 그런데 난류는 아래 팽이형태의 그림의 회전축 z축과 회전속도 Ω가 랜덤하게 변화하여 그림 2.8.3에서와 같이 랜덤한 회전운동으로 인해 다시 랜덤한 u', v', w'가 발생하게 된다.

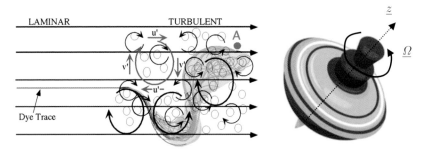

그림 2.8.3 랜덤하게 변화하는 회전축 z축과 회전속도 Ω로 인한 난류의 랜덤운동

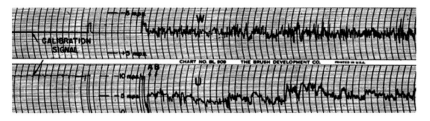

(Paul B. MacCready Jr., "ATMOSPHERIC TURBULENCE MEASUREMENTS AND ANALYSIS," Journal of the Atmospheric Sciences, Volume 10: Issue 5, pp. 325–337)

(a) 대기 섭동속도 측정 예[5]

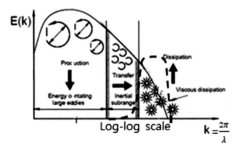

(b) 에너지 스펙트럼

그림 2.8.4 대기섭동속도 및 에너지 스펙트럼의 설명

그림 2.8.4(a)에는 대기 중에서 hot-wire센서로 측정된 변동속도의 예가 나타나 있으며, 그림 2.8.4(b)는 앞서 설명한 랜덤하게 변화하는 와도들의 스케일에 따른 에너지분포를 보여주고 있다. 따라서 수많은 스케일의 와도의 크기와 방향이 랜덤하게 변동하므로 그 자유도는 무한개임을 알 수가 있다.

네 번째 특성은 감쇠 혹은 소멸성이다. 전달 보존 방정식인 식(2.7.1)에 역학적 운동에너지인 K($=\frac{1}{2}(\tilde{u}^2+\tilde{v}^2+\tilde{w}^2)$와 내부 에너지 $\tilde{e}(=C_vT)$를 대입하여 식을 구하면, 역학적 운동에너지 보전방정식과 내부 에너지 보전방정식에 부호만 다른 항인 에너지 감쇠항인 가 나타난다. 즉 운동에너지 보전방정식에는 $-\tilde{\Phi}$, 내부 에너지 보전방정식에는 $+\tilde{\Phi}$로서 나타나며, $\tilde{E}$는 시간 평균 유동에 의한 감쇠 에너지이며 $\tilde{\epsilon}$는 난류섭동운동에 의한 에너지 감쇠를 나타낸다.

만일 $\tilde{E}$를 $\nu\left(\frac{\partial U}{\partial y}\right)^2 \sim \nu\left(\frac{u_{rms}}{l}\right)^2$로 근사하고 $\tilde{\epsilon}$의 크기를 $\frac{u_{rms}^3}{l}$로 하면, $\frac{\tilde{\epsilon}}{\tilde{E}}$의 비는 $\frac{u_{rms}l}{\nu}(=\frac{I\times Ul}{\nu}=I\times Re; I=0.03\ 0.08)$ 이 되며, 결국 레이놀즈수 Re가 큰 난류유동에서는 $\tilde{E}$ 보다 $\tilde{\epsilon}$가 훨씬 커서 역학적 운동에너지의 대부분은 난류에 의해 소산됨을 알 수 있다.

참고자료

1) M.B. Liu, G.R. Liu, Particle Methods for Multi-Scale and Multi-Physics. 2016, Imperial College Press

2) M.P. Allen, D.J. Tildesley, Computer Simulation of Liquids, 1987, Oxford University Press

3) G. McNamara, G. Zanetti, "Use of the Boltzmann Equation to Simulate Lattice Gas Automata," 1988, Physical Review Letters 61, pp. 2332-2335

4) 최덕기, 탄성론 입문, 2017, 도서출판 학산미디어

5) P.B. MacCready Jr., "Atmospheric Turbukence Measurements and Analysis," 1953, Journal of Atmospheric Sciences, Volume 10, Issue 5, pp. 325-337

다중물리 해석

CAE 기초 이론

1.1 시뮬레이션 해석의 기본 이해

Simulation 해석의 종류

컴퓨터를 활용한 Simulation 해석은 현재 1-D, 3-D Simulation이 일반적으로 사용되고 있다. 1-D Simulation 해석은 1차원 해석으로서 파라메타를 활용하여 수학적 모델을 활용하여 시스템적인 거동을 파악할 때에 많이 사용한다. 그 이유는 3-D Simulation에 비해 해석 수행시간이 적게 소요되며, 시스템을 구성하는 요소에 대한 민감도 분석에 탁월하기 때문에 많은 공학자들이 선호하는 Simulation 방식이다. 또한 기술의 발전으로 일정 부분 3-D simulation에서 파악할 수 있는

parameter를 변환 가공할 수 있게 되면서 그 활용 가치는 무궁무진하게 되었다. 그러나 거동에 대한 정확성, 다중 물리 적용의 한계점 등의 단점이 존재하여 완벽하게 3-D simulation을 대체하지 못한다. 3-D simulation은 1-D simulation에서 다루지 못하는 micro 스케일을 포함하여 거동적인 분석, 상호 연성해석을 수행할 수 있게 되면서 1-D simulation에 비해 더 많은 정보를 얻을 수 있다는 장점이 있다. 따라서 연구 또는 개발 과정에서 상황에 맞는 도구를 선정하여 활용하는 것이 중요하다.

3-D Simulation의 수행 흐름

본 교재에서는 3-D simulation을 중심으로 서술하고자 한다. 3-D simulation은 크게 5가지 의 과정으로 나눠져서 수행되어진다고 볼 수 있다. 3D CAD 모델링 – 격자 구성 및 생성 – 솔버 선택 및 경계조건 설정 – 연산 – 결과 가공으로 이어지는 흐름은 어느 하나 중요하지 않는 과정이 없다.

연구 또는 개발과정에서 연구 및 분석을 하기 전 우리는 3D CAD 모델링을 진행하게 된다. 3D CAD 모델링을 프로그램 간에 변환하고 넘겨주는 과정에서 오류 또는 손실되는 데이터가 발생할 수 있고, 복잡한 형상은 해석에 소요되는 시간을 무기한 연장시키는 문제를 야기하기도 한다. 따라서 3-D Simulation을 수행하기 위해서는 단순화 및 최적화된 형상으로 3D CAD를 모델링하는 방법을 숙지하여야 한다. 단순화 및 최적화하는 방법은 각 상용 프로그램에서 제공하는 도구를 사용하여 CAD-Fix를 하거나 3D CAD 프로그램에서 최적화를 수행 후에 전송하는 방법이 있다. 해당 단계를 거친 3D CAD 모델링은 해석 수행을 위한 격자를 생성해야 한다. 최적화 및 단순화가 제대로 되지 않은 3D CAD 모델링은 격자 생성에 많은 오류를 야기한다.

상용 소프트웨어의 기술이 발전함에 따라 자동으로 3D 형상을 파악하여 격자를 생성해주는 시대에 돌입하였다. 그러나 완벽한 것은 아니다. 예를 들면, 관 내 유동 해석을 수행하고자 했을 때, 관 내부의 유동은 벽면의 경계층에서 많은 일이 발생하기 때문에 조밀하게 격자를 구성해야 한다. 그러나 자동으로 격자를 생성하게 되면 이러한 상황을 배제하고 격자 생성이 진행되는 경우가 다반사이다. 따라서 해석 모델과 수학적 모델에 적합한 격자 생성을 하는 연습을 꾸준히 해야 한다. 또한 선행 문헌 연구를 통해 목적에 맞는 격자 생성 스킬을 구비할 수 있도록 노력해야 한다. 그러기 위해선 많은 경험과 노력이 필수이다.

격자 생성의 기본은 Domain을 셀(Cell)로 이산화하여 구분하기 위함을 잊지 않도록 해야 한다. 해석 수행 시 적용되는 수학적 모델들은 생성된 셀을 기점으로 해서 연산이 되기 때문이다. 격자 생성에서 관심을 가져야 부분은 크게 3가지라고 할 수 있다. 효율성, 정확성, 품질이다. 변화가 많은 곳은 조밀하게, 변화가 많지 않고 정적인 영역은 여유롭게 생성함으로서 효율성과 정확성을 챙겨야 한다. 또한 CFD 해석의 경우, 격자 품질(또는 Node 개수)에 따라 결과 값이 영향을 많이 받는다. 따라서 적절한 격자 품질을 확보하기 위해서는 동일한 경계조건에서 격자 품질만 변화시킨 후 연산한 결과 값이 일정하게 나오기 시작하는 품질 영역을 확인하고 다음 단계에 진입하는 과정이 필수적이다.

적절한 격자를 생성한 이후에는 해석을 수행하기 위해서 수학적 모델을 정의하고 경계 조건을 정의하는 단계에 진입하게 된다. 수학적 모델은 Part I에서 언급한 것과 같이 자연 현상을 수학적으로 표현한 것이기 때문에 검증과정이 필요하다. 우리는 검증 과정에 소요되는 시간을 단축하기 위해 해석을 수행하고자 하는 모델과 유사한 연구 사례를 선행연구 해야 한다. 선행 연구를 진행함으로서, 관련 지식이 풍부해지는 장점이 있고, 해석 조건에 대한 심도 깊은 고찰을 할 수 있게 된다. 이러한 연구 과정은 업무 능력을 향상시킬 수 있는 계기가 될 수 있으며, 올바른 결과를 도출할 수 있는 기반이 된다.

선행 연구를 통해 결정된 조건들은 수치적인 방법을 통해 연산되어진다. 연산 과정에서 사용되는 솔버(Solver)들은 수치 해석적으로 증명된 방법을 활용하여 연산을 수행한다. 이러한 방법들은 종류들이 매우 많으며, 상황에 맞게 선택할 수 있는 능력을 배양해야 한다. 연산된 결과를 후처리 가공하여 원하는 결과를 도출할 수 있는 능력도 매우 중요하다. 현재 나온 상용 프로그램들은 다양한 기능을 제공하고 있으며, 사용자가 쉽게 접근할 수 있도록 인터페이스를 개선해나가고 있다.

격자 생성

본 교재에서 주로 다루고 있는 격자 생성 도구인 Meshing은 자동 격자 생성을 지원한다. 불러온 3D 형상에 맞춰 알맞은 격자 생성을 제공한다. 그러나 사용자가 원하는 격자 생성이 되지 않을 수 도 있기 때문에 사용자가 적절한 격자를 생성할 수 있는 능력도 배양해야 한다.

격자의 모형을 선택하는 목표는 시뮬레이션 정확도, 계산 시간, 수렴 속도 간의 최상의 균형을 찾는 것이다. 일반적으로 메시 밀도가 높을수록 시스템 경계 및 유동 표면에 더 가깝게 일치하는 메시 요소가 수치

시뮬레이션에서 더 정확한 결과를 생성한다는 것은 분명한 사실이다. 그러나 실제 응용에서는 모든 문제에서 단순히 최대 밀도의 격자를 사용할 수 없으며 모든 시스템에서 유동 표면을 완벽하게 일치시킬 수도 없다. 그렇기 때문에 요즘 대부분의 격자 생성 방법은 다양한 형태의 격자를 혼합시켜 생성시키는 것이 대안으로 떠오르고 있다. 이 두 가지 이유와 일반적으로 계산 부담을 최소화하기 위해 3D 해석 모델의 격자는 근사화하는 형태로 개발되고 있다. FEM(Finite Element Method) 또는 FVM(Finite Volume Method) 시뮬레이션에 사용되는 표준 격자 요소의 형태는 그림 3.1.1과 같다. 이 격자 요소들은 실제 시스템에서 흐름 동작을 나타내는 CFD 시뮬레이션을 구축하는 것에 사용되는 격자의 기반이 된다.

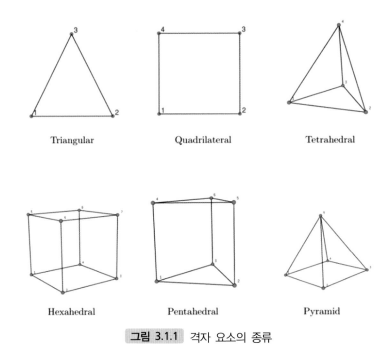

Triangular   Quadrilateral   Tetrahedral

Hexahedral   Pentahedral   Pyramid

그림 3.1.1 격자 요소의 종류

FEM Simulation과 CFD Simulation에서 사용되는 격자의 종류는 신중하게 고려해야 한다. 육면체(Hexahedral) 요소의 경우 사면체(Tetrahedral) 요소보다 생성되는 격자의 개수가 적지만 복잡한 형상에는 적용이 어렵다. 반대로 사면체는 복잡한 형상에 적용이 가능하지만 곡면이나 급격하게 변화하는 형상에서 Transition의 문제가 발생할 수 있다. 따라서 절대적인 격자 모양은 없으며, 사용자의 경험이 효율적인 격자 생성에 도움이 될 것이다.

연산(Calculation)

연산을 이해하기 위해서는 수치해석적 지식이 동반되어야 한다. 대표적인 수치해석적 방법은 크게 3가지(유한차분법, 유한체적법, 유한요소법)이 있다. 유한차분법(Finite Difference Method)은 미분항을 테일러 급수전개를 이용하여 표현하는 방법이다. 이를 통해 편미분 방정식으로 해를 구하는 것이 유한차분법이라고 한다. 그러나 형상이 복잡해질수록 좌표축 방향으로 변화율을 정의하기 어렵고, 격자를 복잡한 형상에 적용하는 것에 어려움이 존재하고 물리량 또는 보존 법칙을 만족하지 못하는 경우가 발생하기도 한다.

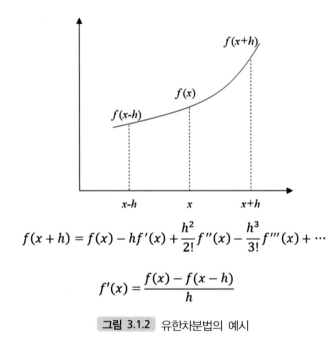

$$f(x + h) = f(x) - hf'(x) + \frac{h^2}{2!}f''(x) - \frac{h^3}{3!}f'''(x) + \cdots$$

$$f'(x) = \frac{f(x) - f(x - h)}{h}$$

그림 3.1.2 유한차분법의 예시

그림 3.1.2는 유한차분법을 설명하는 예시를 나타내는 것이며 도함수 $f'(x)$는 전방 유한차분법에 의해 근사하여 미분방정식을 풀 수 있게 된다.

유한체적법은 운동량 및 질량에 대한 보존법칙을 만족시키기 위해 기초방정식을 적분 후 이산화하는 방법이다. 격자점을 중심으로 미소영역 내에서 방정식을 적분하고, 그 경계값을 인접 격자점을 이용하여 요구되는 정확도를 만족하도록 적분식을 이산화한다. 그림 3.1.3은 유한체적법의 예시를 보여주는 그림이다. 그림 3.1.3 오른쪽 상단의 식은 적분을 통해 계산 영역을 구분하여 제어 체적을 취하여 계산을 진행할 수 있다는 것을 보여준다. 또한 제어 체적을 적분하여 격자점에 대해서 이산화를 하면 그림 1.3 오른쪽 상단의 방정식으로 나타낼 수 있으며 이를 모든 셀의 대수방정식의 형태로 나타내어 계산하게 되면 미지수를 구할 수 있다.

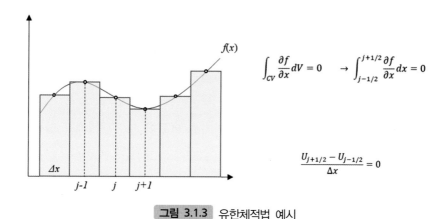

$$\int_{CV} \frac{\partial f}{\partial x} dV = 0 \quad \rightarrow \quad \int_{j-1/2}^{j+1/2} \frac{\partial f}{\partial x} dx = 0$$

$$\frac{U_{j+1/2} - U_{j-1/2}}{\Delta x} = 0$$

그림 3.1.3 유한체적법 예시

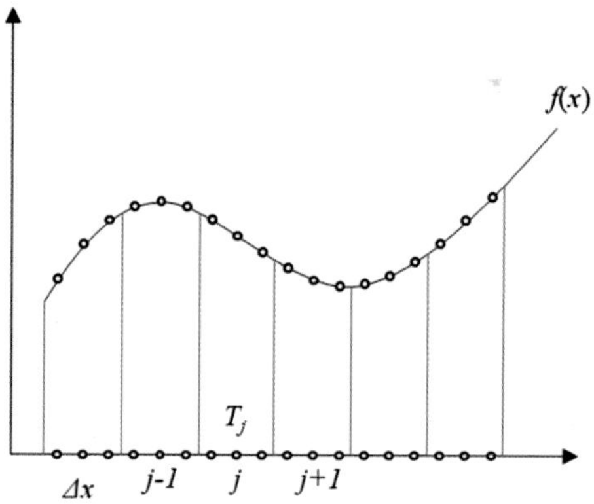

$$\frac{\partial f}{\partial x} = 0$$

$$\int_{Tj} f\varphi_i dx - \int_{Tj} f \frac{\partial \varphi_i}{\partial x} dx = 0$$

그림 3.1.4 유한요소법 예시

그림 3.1.4는 유한요소법의 예시를 보여준다. 유한요소법은 미지수를 요구되는 정확도의 근사함수로 표현하고, 그 계수의 크기를 가중잔차법 (weighted residual method) 등을 이용하여 미소영역마다 결정하는 것이다. 대부분의 경우 삼각형의 미소영역을 조합하여 계산영역을 구성하며, 유동장이 복잡한 형상에서도 최적으로 대응할 수 있는 특징을 갖고 있다. 전통적인 유한요소법은 주어진 편미분 방정식에 임의의 테스트 함수를 곱한 뒤, 이를 계산공간에서 적분하여 weak variational formulation으로 불리는 형태로 바꾸어 그 근사 해를 찾습니다. 이는 통상적으로 Galerkin 유한요소법이라고 불리고 있다.

본 교재는 다중물리 3차원 해석에 관한 기초적인 내용을 다루고 있다. 수치해석적 방법과 사례는 많은 연구자들이 개발하고 연구하여 논문으로 결실이 맺어진 분야이다. 따라서 상세한 내용은 참고 문헌을 활용하여 학습하는 것을 추천한다. 앞서 언급한 유한차분법, 유한체적법, 유한요소법은 "Computational Methods for Fluid Dynamics[1]"를 참고하여 최신 경향 이해와 함께 상세한 학습을 추천한다.

고유 진동수 – 모드해석

2.1 구조해석 및 모드해석 예

서론

본 절에서는 고유 진동수 - 모드해석의 예로 풍력발전 시스템 중 바람의 운동에너지를 기계적 에너지로 변환하는 풍력발전용 블레이드(Wind Turbine Blade)의 구조 안정성 평가를 살펴보고자 한다. 이러한 블레이드의 구조재료는 비강도(Specific Strength), 비강성(Specific Stiffness) 및 피로특성 등이 우수한 복합재료가 주로 사용되며, 기본구조는 외부의 표피(Skin), 내부의 시어 웹(Shear Web), 폼(Foam) 등으로 구성된다. 이러한 복합재로 적층 되어 있는 블레이드는 이방성 재질이기 때문에 주로 유한요소법(FEM)을 사용하여 구조해석을 수행한다.

본 설명에서는 구조해석을 검토하기 위해 상용 소프트웨어인 Abaqus 를 이용하여 극한조건에서의 해석을 수행한다. 그러나 시뮬레이션을 통한 구조 해석은 입력 값에 대한 의존도가 높아서 정확성에 대한 검증이 요구된다. 이에 따라 시편 인장시험 규격인 ISO 5474를 통해 복합재 인장시편시험을 하여 재료의 물성에 대한 검증을 수행할 필요가 있다. 또한 경계 조건에 반영할 수 있는 데이터가 필요하다. 이것은 해석을 수행하는 과정에서 매우 중요한 과정이다. 실제 현상과 해석 결과를 매칭하기 위해서는 이론적 값이 아닌 필드 데이터가 필수가결로 필요하다. 예를 들면 구조물을 구성하는 재료의 물성은 재료의 제련 과정과 제조 과정에 따라 물성치가 일정하게 유지되는 것이 아닌 평균값으로 계산되기 때문에 실제 재료의 물성과 다를 수 있기 때문에 정확성에 대한 검증이 필요하다.

본 설명에서는 블레이드 중량 최적설계를 위해 사용 소프트웨어인 Isight를 사용하기로 한다. 소형 풍력터빈용 블레이드의 중량 감소를 위해 블레이드의 구조에서 굽힘에 대한 하중을 지지하고 있는 시어 웹으로 최적설계를 수행하였다. 중량 최적설계 시 설계변수는 시어 웹의 두께로 선정하였고, 목적함수는 안전계수와 중량으로 선정하였다. 시어 웹의 적층 두께에 따른 안전계수와 중량을 분석하여 기존 블레이드보다 최소로 요구되는 안전계수를 만족하고 경량화된 블레이드의 재설계를 수행 하였다. 또한, 재료변경을 위해 기존 블레이드에 적층된 GFRP (Glass Fiber Reinforce Plastics)에서 CFRP(Carbon Fiber Reinforced Plastics)으로 변경하여 강성이 높고 경량화 된 블레이드를 재설계하였다. 해당 과정이 가능한 이유는 해석에 사용하기 위한 재료의 물성을 실제 시험으로 검증하였기 때문에 다른 재료에도 적용할 수 있는 신뢰성을 확보하였다.

정하중 시험 및 구조해석

블레이드 구조 안정성 평가를 위해 IEC 61400-2에서 극한 하중 상태인 Case H (Parked Wind Loading)의 조건을 적용하여 규정된 절차에 따라 소형풍력 발전 블레이드 정적 성능 측정(Measurement of Static Structural Performance for Small Wind Turbine Blade)을 수행한다. 정하중 시험은 Positive Flapwise Test를 실시하였으며 극한하중 시험과 블레이드가 파손이 발생할 때까지 하중을 부하하는 파괴시험을 수행한다. 시험 방법으로는 블레이드의 연결부를 지그에 고정하고 연결부로부터 1,300m, 2,600m 떨어진 위치에 폭 50mm의 하중부하장치를 설치하여 하중을 가하였다. 이때 사용된 계측기는 부하하중 측정용 로드셀(Loadcell)을 사용하였고 변위 측정을 위해 LVDT(Linear Variable Displacement Transducer)를 사용한다.

그림 3.2.1 소형풍력 날개 정하중 시험사진

KS C IEC61400-2는 풍력발전시스템의 안전사상, 품질보증 및 기술적 완전성을 취급하여, 설계, 설치, 정비 및 특정 외부조건하에서 운전을 포함한 안전성에 관계되는 요구사항을 규정한 규격을 뜻하며, 규격은 연구 과제를 수행할 때에 필수적으로 확인해야 하는 사항이다. 그 이유는 연구 또는 제품개발에 있어서 안전성, 품질, 기술의 완성성을 입증할 수 있는 비교 대상군이 될 수 있기 때문이다.

10kW소형 풍력발전기 복합재 블레이드의 구조해석 신뢰성을 검토하기 위해 상용 소프트웨어인 ABAQUS를 사용하여 정하중 시험과 동일한 극한 하중 조건에서 굽힘 해석(Bending Analysis)을 수행하였다. 블레이드 형상은 두께의 수치가 작기 때문에 쉘 요소(Shell Element)로 모델링 하였고, Elastic의 Type로 Lamina로 설정하여 적층하였다. 또한, 메쉬(Mesh)는 S4R 29110개, S3 331개로 총 29,441개이고, 절점(Node)의 개수는 28,910개이다.

| | Distance from connection [mm] | | | |
	1098	2196	2928	3659
1st tset [mm]	24	108	186	262
2nd tset [mm]	22	104	180	254
3rd tset [mm]	22	104	179	253

(a) Boundary condition　　(b) Load condition

그림 3.2.2 소형풍력 날개 FEM 모델 및 해석조건 (좌), 정하중시 변위(100%) (우)

경계조건(Boundary Condition)은 블레이드 연결 부에 볼트 체결 면을 X, Y, Z 방향 및 X, Y, Z 회전 방향에 구속조건을 부여하였고, 하중조건(Load Condition)은 시험에 사용된 하중 부하장치 위치와 하중을 동일하게 하여 해석을 수행한다.

격자를 생성하고 정하중 실험과 동일한 위치에 하중조건을 설정하여 해석을 수행한다. 체결부에서의 길이를 기준으로 측정한 변위를 해석 결과와 비교하였을 때, 실제 측정 데이터와 해석 수행결과와 큰 차이를 보이지 않는 것을 확인 할 수 있다. 정적인 조건과 실제 시험 데이터 값을 비교하는 과정을 거치면서 해당 연구자가 구성한 해석 모델은 신뢰와 정확성을 확보한 것으로 판단할 수 있다.

모달 해석

발전기는 회전구조물로 발전기 구동속도 및 풍속의 변화 등에 따라 진동이 발생하게 되므로 공진(Resonance)을 피하도록 설계되어야 한다. 중량과 강성이 있는 구조는 고유 진동수(Natural Frequency)가 존재하며 고유진동수와 외란 진동수(Disturbance Frequency)가 일치 하는 부분에서 공진이 발생하게 된다. 공진 발생 시 응력과 변형이 순간적으로 증가하여 구조적으로 불안정한 상태가 된다. 이러한 공진의 유무를 판단하기 위해 모드해석을 통해 그림 3.2.3과 같이 블레이드 회전속도에 따른 모드의 고유 진동수와 블레이드 회전속도의 배수와의 관계를 Campbell Diagram으로 나타내었다. 정하중해석과 같은 경계조건 상태이며 그 결과 Flap 1차 모드에서는 6.93Hz, Edge 1차 모드에서는 17.18Hz, Flap 2차 모드에서는 25.86Hz 발생함을 알 수 있다. 본 예제의 대상인 3엽 블레이드의 경우 1배수(1p)의 공진 가능성을 검토해 보려고 한다. 관심 대상인 Flap 1차 모드 고유 주파수와 1배수 선과 정격 회전속도 156rpm과 비교한 결과 충분한 차이가 발생하는 것을 그림을 통해 확인할 수 있다. 기계구조물의 공진 여부를 판단할 경우 일반적으로 고유주파수와 외란주파수의 간격이 5% 이상이라는 기준을 만족하는 것을 알 수 있다. 따라서 본 예제에 사용된 블레이드는 공진이 발생하지 않는 것을 확인할 수 있다.

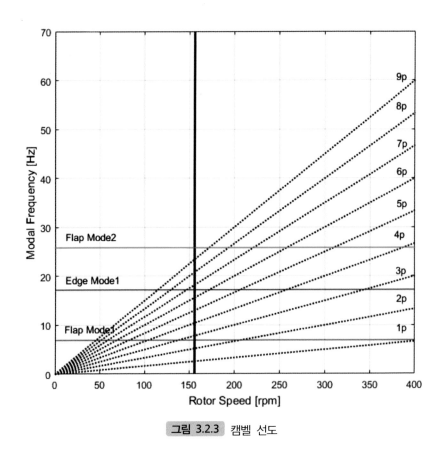

그림 3.2.3 캠벨 선도

여기서 사용한 Campbell diagram는 천천히 점차 증속되는 대형 회전기계의 회전동력학적 분선에 많이 활용되는 그래프이다. X, Y축 중 하나는 회전속도(speed, RPM), 또 하나는 주파수(Hz)로 구성되어 있으며, 제 3의 축으로 회전수 기준 대비 Order(1x, 2x, 3, …)의 사선으로 그리되 진폭의 크기를 동그라미의 지름, 색의 표시, 피크 등의 크기로 표현한 그래프를 말한다. 캠벨선도를 통해 블레이드의 정격 회전속도가 공진 범위에 포함되지 않는 것을 확인하였다. 모드 해석은 실제 실험으로 규명하기 어렵기 때문에 Campbell, Nyquist, Orbit, Waterfall 선도와 같은 이론적인 도구로 해석결과를 규명해야 한다.

유동 – 구조(FSI) 해석

3.1 서론

    유체-구조 상호작용(FSI)은 물체 내부 유동이나 물체 외부의 유동에 의한 구조물의 운동이나 변형과의 상호 작용문제이다. 유체-구조 상호 작용은 안정적이거나 진동할 수 있다. 진동하는 상호작용에서는 유동에 의해 유도된 고체 구조의 변형이 반복되며, 변형의 원인이 줄어들면 구조물의 변형이 이전 상태로 돌아가는 과정이 반복한다. 유체 - 구조 상호 작용은 자동차, 항공기, 우주선, 엔진 및 교량 등 많은 엔지니어링 시스템 설계에서 중요한 고려 사항 중 하나이다. 이와 관련된 진동 상호 작용의 영향을 고려하지 못하면 특히 피로에 취약한 재료로 구성된 구조에서는 재앙이 될 수 있다. 1940년 미국 워싱턴주에 현수교로 건설된 "Tacoma Narrows Bridge"는 FSI에 의한 가장 악명 높은 사례 중 하나이다. 베어링, 기어 등 마찰 공학적 기계 구성 요소와 윤활유 간의 상호 작용도 FSI의 한 예이며, FSI 진동으로 인해 항공기 날개와 터빈 블레이드가 종종 파손되기도 한다. 또한 유체-구조 상호 작용은 액체를 운반하는 컨테이너 내액체 진동으로 인해 상당한 양의 힘과 모멘트를 컨테이너 구조에 가해 컨테이너 운송 시스템의 안정성에도 매우 나쁜 영향을 미치기도 한다. 또 다른 예는 우주 왕복선 같은 로켓 엔진의 시동시 FSI가 노즐 구조에 상당히 불안정한 측면 하중을 가하는 경우이다. 유체 - 구조 상호작용은 혈류의 적절한 모델링에도 중요한 역할을 한다. 혈관은 혈압과 유속이 변할 때 동적으로 사이즈가 변하는 순응적 관 역할을 하기 때문이다. 만일 혈관의 이러한 특성을 고려하지 않으면 벽전단응력(WSS)이 크게 과대평가될 수도 있게 된다. 이 효과는 동맥류를 분석할 때 특히 고려해야 한다고 한다. 최근 환자별 동맥류 모델을 분석하기 위해 전산유체역학을 사용하는 것이 일반적인 관행이 되고 있다. 동맥류의 좁은 목은 WSS의 변화에 가장 취약하며, 동맥류 벽이 충분히 약해지고 WSS가 너무 높아지면 동맥류 벽이 파열될 위험도 있다. FSI 모델은 일반 벽면모델 비해 전반적으로 낮은 WSS를 나타내며, 만일 동맥류의 잘못된 모델링으로 인해 의사가 파열 위험이 높지 않은 환자에게 공격적인 수술을 하기로 잘못된 결정을 할 수 있기 때문에 중요하다. FSI는 더 나은 분석을 제공하지만 계산 시간이 크게 증가한다. 일반 벽면 모델의 계산 시간은 몇 시간인 정도인 반면, FSI 모델은 완료하는 데 일주일씩 걸릴 수 있다.

3.2 FSI 접근법

유체-구조 상호작용(FSI) 문제는 하나 이상의 고체가 내부유동 혹은 외부유동과 상호작용을 하는 경우이다. 이러한 FSI 문제는 많은 과학 및 공학 분야에서 매우 많은 수요가 있음에도 불구하고 상호작용의 비선형 특성과 다학제적 특성으로 아직도 도전적인 분야로 여겨진다. 대부분의 FSI 문제에 대한 지배방정식으로부터 이론적 해를 얻기는 매우 어려우며 실험적 결과도 매우 제한적이어서 유체와 고체의 복잡한 상호작용의 다중물리적 접근은 수치적 방법이 최선인 경우가 많다.

최근 컴퓨터 기술의 비약적 발전으로 과학 및 엔지니어링 시스템의 시뮬레이션은 더욱 정교해지고 복잡한 문제의 해결도 가능해 지고 있다. 예를 들어 파도와 선박 구조물의 상호작용, 침전현상, 공기역학적 혹은 난류 - 구조 진동, 전기-수력, 자기-수력 유동, 생체역학-생체 유동, 심장-혈관 상호작용, 해파리 운동 등등..

이러한 FSI 문제를 해결하기 위한 수치적 방법은 두 가지로 크게 대변된다. 하나는 모놀리식(monolithic) 접근 방식이며 다른 하나는 분할(partitioned) 접근 방식이다. 그림 3.3.1에는 모놀리식과 분할 접근방식의 절차가 비교되어 있다.

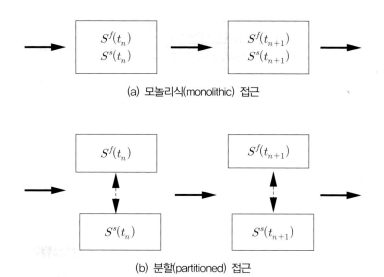

(a) 모놀리식(monolithic) 접근

(b) 분할(partitioned) 접근

그림 3.3.1 모놀리식과 분할 접근방식의 절차 비교 다이애그램

　모놀리식 접근법은 유체 및 구조에 대한 방정식을 동일한 수학적 틀에서 다루어 전체 도메인에 대한 단일 시스템 방정식을 형성 후, 통일된 알고리즘으로 처리한다. 경계 조건은 해 절차에서 내재적으로 다루게 된다. 이 방법은 잠재적으로 다학제 문제에 대한 개선된 정확성이 가능하나 그것을 달성하려면 더 많은 용량 자원과 전문성이 필요하다. 반면 분할 접근법은 유체와 고체 영역에 각각의 격자를 구성하여 해당 영역별 수치 알고리즘을 적용한 두 개의 계산 영역을 갖는다. 또한 유체-고체영역 사이의 경계 조건은 명시적으로 유체 영역 해와 고체영역 해간의 정보 교환으로 처리한다. 후자 방식의 장점은 적용 가능한 분야별 알고리즘을 통합적으로 활용한다. 즉, 복잡한 문제를 해결할 수 있도록 이미 검증된 분야별 "레거시" 코드를 활용, 코드 개발 시간을 줄이는 것이다. 이를 위해서는 정확하고 효율적으로 상호 작용 해를 구하

기 위해 큰 코드 수정없이 최적의 알고리즘들을 조정 및 운영하는 것이 필요하다. 다만, 유체 영역과 구조 영역을 구분하는 인터페이스가 "priori"로 주어지지 않고 시간에 따라 변하는 경우 분할 접근 방식은 새 인터페이스 및 물리량을 추적해야 하는 큰 수고가 필요하다.

FSI 절차의 다른 분류로 격자 처리방법에 따라 물체적합유지(Conforming) 격자법과 물체적합 비유지(Non-conforming) 격자법으로 나눌 수 있다. 물체적합유지 격자법은 인터페이스 위치를 해의 일부로 처리되도록 인터페이스가 물리적 경계 조건이 되도록 격자를 생성한다. 고체 구조의 이동 및 변형을 반영하여 해를 구하면서 격자를 계속해서 재생성 혹은 업데이트를 해야 한다. 반면 부적합 격자법은 경계 위치와 관련 인터페이스 조건을 모델 방정식의 제약 조건으로 부과하는 부적합 격자를 사용한다. 결과적으로 유체 및 고체 방정식은 각각의 격자를 사용하여 독립적으로 계산하면서도 리메싱(re-meshing)은 필요하지 않다. 이 두 가지 유형의 격자 시스템은 그림 3.3.2에 나타나 있다. 그림 2에는 구형태의 고체가 유체 영역에서 이동하는 경우이다. 대부분의 분할 접근방식은 물체적합유지 격자법을 사용하는 반면, 최근 FSI 방법들에 해당하는 잠김(Immersed) 계산방법들은 부적합 격자법을 사용한다.

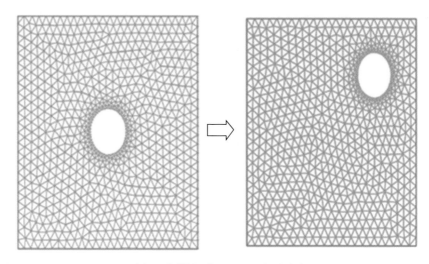

(a) 물체적합유지(Conforming) 격자법

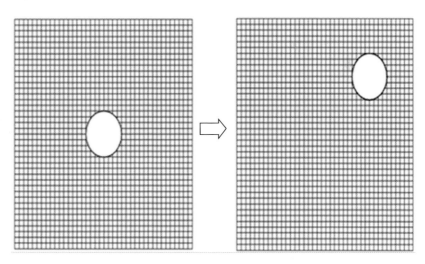

(b) 물체적합 비유지(Non-conforming) 격자법

그림 3.3.2 FSI의 대표적 격자 처리방법

그림 3.3.3에서와 같이 유체 계산 도메인은 Ω_f, 고체 계산 도메인은 Ω_s, 그리고 Γ_s를 두 도메인의 인터페이스라고 하자. 라그란지안 기슬 방법으로 고체와 유체입자의 운동방정식을 나타내면, $\rho \dot{V_i} - \sigma_{ij,j} + f_i = 0$의 방정식과 같으며, σ_{ij}, f_i는 각각 내부 응력과 물체체적에 작용하는 힘이다. 고체 도메인 Ω_s 내 고체 재료에 작용하는 힘들의 평형에 대해 다시 작성하면 다음 식과 같다. 여기서 고체입자의 속도 $\dot{u_i}$은 V_i로 나타내어진다.

$$\rho^s \dot{V_i} - \sigma^s_{ij,j} + f^s_i = 0 \in \Omega_s \tag{3.3.1}$$

6장에서 상세하게 유도할 등방성 재료의 응력 텐서와 변형율 텐서 사이의 관계는 다음 식과 같다.

$$\sigma_{ij} = 2\mu\epsilon_{ij} + \lambda\epsilon_{kk}\delta_{ij}, \epsilon_{ij} = \frac{1}{2}\left(\frac{\partial u_i}{\partial x_j} + \frac{\partial u_j}{\partial x_i}\right) \tag{3.3.2}$$

여기서 λ와 μ를 *Lamé* 상수라고 하며, 이들을 Young's modulus E 와 포아송(Poisson)비로 나타내면 각각 $\lambda = \dfrac{\nu E}{(1+\nu)(1-2\nu)}$, $\mu = \dfrac{E}{2(1+\nu)}$ 이다.

유체 영역에 대해서도 유체 유동에 대한 지배방정식을 다음과 같이 표현된다.

$$\rho^f \dot{V}_i - \sigma^f_{ij,j} + f^f_i = 0 \in \Omega_f \tag{3.3.3}$$

위 식의 $\dot{V}_i$를 오일러리안 방식으로 나타내면 $\dot{V}_i = \dfrac{dV^f_i}{dt} = \dfrac{\partial V^f_i}{\partial t} + V^f_j V^f_{i,j}$ 이다. 또한 비압축성의 뉴톤 유체를 가정하면 식 (3.3.3)의 응력 τ_{ij}는 다음 식으로 표현된다.

$$\sigma^f_{ij} = -p\delta_{ij} + \tau_{ij}, \quad \tau_{ij} = 2\mu\left(\epsilon_{ij} - \frac{1}{3}\epsilon_{kk}\delta_{ij}\right),$$

$$\epsilon_{ij} = \frac{1}{2}\left(\frac{\partial V^f_i}{\partial x_j} + \frac{\partial V^f_j}{\partial x_i}\right) \tag{3.3.4}$$

유체-고체 경계면 Γ_s에서 No-slip 조건을 만족하기 위해 두 가지 형태의 경계조건이 사용된다.

$$V^s_i = V^f_i, \quad \sigma^s_{ij}n^s_i = \sigma^f_{ij}n^f_i \quad on \ \Gamma_s \tag{3.3.5}$$

$$x^s_i = x^f_i, \quad \sigma^s_{ij}n^s_i = \sigma^f_{ij}n^f_i \quad on \ \Gamma_s \tag{3.3.6}$$

여기서 변위 x_i가 공간과 시간에 따라 부드럽게 연결되는 조건을 Dirichlet 조건이라고 하며, 변위 x_i의 미분치인 V_i가 경계면에서 연속인 조건을 Neumann 경계조건이라고 부른다.

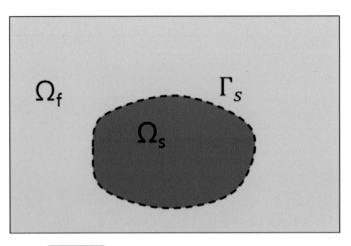

그림 3.3.3 FSI 문제의 유체와 고체 도메인 및 경계

  FSI 수치적 계산은 앞서 격자법 구분에서와 같이 물체적합유지(Con-forming) 격자법과 물체적합 비유지(Non-conforming) 격자법으로 다시 설명된다. 즉, 물체적합유지 격자법은 유체-고체의 경계면의 운동을 계속 추적하여 Dirichlet 경계조건 (식(3.6))을 적용하는 반면, 물체적합 비유지 격자법에서는 잠김(Immersed) 경계법을 주로 사용하며 Dirichlet 경계조건인 식 (3.5)를 사용한다. Lagrange multipliers 이론으로부터 유도되는 물체적합 비유지 격자법의 경우 유체 지배방정식에 Lagrange multipliers가 소스항으로 나타나게 되어 유체 및 고체의 계산 정확도에 직접적인 영향을 미치게 된다.

열 – 유동 – 물질전달

4.1 반응유동(Reacting Flow)의 전달방정식

화학반응은 대표적인 열유동 및 물질전달 분야이며 우리 실생활에 직간접적으로 영향을 주는 물리 분야이다. 예를 들어 대기화학, 연소, 화학 합성 및 재료 프로세싱 분야가 있으며, 본 장에서는 대표적으로 연소와 같은 반응유동의 지배방정식과 관련된 논의를 하고자 한다. 엔지니어나 과학자는 관찰된 물리적 현상을 설명하거나 설계 및 최적화를 위한 시뮬레이션 개발 작업에서 자주 도전적인 문제에 직면한다. 이때 시스템이나 프로세스에 대한 예측 능력과 정량적 설명은 문제 해결을 위해 필요하다. 본 장에서는 목표로 하는 속도, 온도 및 물질 필드의 해를 구하기 위해 물리적 법칙에서 유도된 편미분 방정식의 형태의 보존 방정식을 설명하며, 특히 압축성유동에서 사용하는 파브르 필터 (Favre-filtered) 방정식을 유도한다.

물질전달과 연관된 주요 물성치는 점도 μ, 확산계수 D, 열전도계수 k가 있다. 여기서 점도 μ는 온도 T와 물질들의 질량비인 Y_i의 함수이나 온도만의 함수인 $\mu(T)$로 근사된다. 또한 i번째 물질의 j 방향으로의 확산 속도 V_{ij}는 아래 식으로 표시될 수 있다.

$$\rho\,V_{ij} = -\,\rho D \frac{\partial Y_i}{\partial x_j} \tag{3.4.1}$$

여기서 $D(T,\ Y_i)$는 i번째 물질 단독의 확산계수이다. 확산과 관련된 무차원 슈미트(Schmidt)수는 $\dfrac{\mu}{\rho D}$로 정의되며, 예를 들어 분자량이 차이나는 이원혼합물의 경우에 0.25 정도이므로 많은 경우 약 1로 근사할 수 있다.

연속방정식은 질량보존법칙의 수학적 표현이다. 전체 질량의 보존뿐만 아니라 각각의 화학종의 보존법칙을 유도하기 위해 아래 식과 같이 비질량 분율(Specific mass fraction) Y_i에 대한 물질 미분을 이용한다.

$$\begin{aligned}\left(\frac{dm_i}{dt}\right)_{system} &= \left[\rho \frac{DY_i}{Dt}\right]\delta V \\ &= -\int_{CS} \underline{j_i} \cdot \underline{n}dA + \int_{CV} \dot{\omega}_i W_i dV \end{aligned} \tag{3.4.2}$$

여기서 오른쪽 첫째항은 시스템으로 확산되어 i번째 물질 종의 질량 속이며, $\underline{n}$가 외부방향 단위벡터이므로 (−)의 부호를 갖게 된다. 또한 균일한 화학반응에 의한 i번째 물질 종의 분자량 W의 생성율 $\dot{\omega}_i$에 의한 기여항을 갖는다. 이 식을 바탕으로 미분방정식 형태로 바꾸면 다음 식 (3.4.3)의 스칼라 방정식을 얻는다.

$$\frac{DY_i}{Dt} = -\nabla \cdot \underline{J}_i + \dot{\omega}_i W_i \tag{3.4.3}$$

N개의 화학종과 M개의 원소들로 구성된 기체혼합물에 대해 질량, 모멘텀, 에너지 보존방정식을 정리하면 다음과 같다.

$$\frac{\partial \rho}{\partial t} + \frac{\partial(\rho V_j)}{\partial x_j} = 0 \tag{3.4.4}$$

$$\frac{\partial(\rho V_i)}{\partial t} + \frac{\partial(\rho V_i V_j)}{\partial x_j} = -\frac{\partial p}{\partial x_i} + g_i + \frac{\partial \tau_{ij}}{\partial x_j} \tag{3.4.5}$$

$$\frac{\partial(\rho h)}{\partial t} + \frac{\partial(\rho V_j h)}{\partial x_j}$$

$$= -\frac{Dp}{Dt} + \frac{\partial}{\partial x_j}\left[\frac{\mu}{\mathrm{Pr}}\frac{\partial h}{\partial x_j} + \mu\left(\frac{1}{S_c} - \frac{1}{\mathrm{Pr}}\right)\sum_{i=1}^{N} h_i \frac{\partial Y_i}{\partial x_k}\right] \tag{3.4.6}$$

상기 에너지 방정식에서 운동에너지와 점성소산은 무시되며, Pr수는 $\frac{k}{\mu C_p}$로 정의된다. 혼합물의 엔탈피 $h\left(= \sum_{i=1}^{N} Y_i h_i\right)$는 혼합물 비열 C_p

를 $\displaystyle\sum_{i=1}^{N} Y_i C_{\pi}$로 정의하면 다음 식으로 표현된다.

$$h = C_p T + \sum_{i=1}^{N} Y_i \Delta_i \tag{3.4.7}$$

만일 $Sc = \mathrm{Pr} = 1$인 경우, 식 (3.4.6)는 다음 식으로 표현된다.

$$\frac{\partial(\rho h)}{\partial t} + \frac{\partial(\rho V_j h)}{\partial x_j} = \frac{\partial p}{\partial t} + \frac{\partial}{\partial x_j}\left(\mu \frac{\partial h}{\partial x_j}\right) \tag{3.4.8}$$

또한 온도 형태의 에너지 보존방정식을 다시 정리하면 다음과 같다.

$$C_p\left[\frac{\partial(\rho T)}{\partial t} + \frac{\partial(\rho V_j T)}{\partial x_j}\right] = \frac{\partial p}{\partial t} + V_j \frac{\partial p}{\partial x_j} - \sum_{i=1}^{N} h_i \dot{\omega}_i$$
$$+ \frac{\partial}{\partial x_j}\left(k \frac{\partial T}{\partial x_j}\right) + \rho D \frac{\partial T}{\partial x_j} \tag{3.4.9}$$

개별 화학종들의 보존방정식 식 (3.4.3)은 다음과 같이 정리된다.

$$\frac{\partial(\rho Y_i)}{\partial t} + \frac{\partial(\rho V_j Y_i)}{\partial x_j} = \frac{\partial}{\partial x_j}\left(\rho D \frac{\partial Y_i}{\partial x_j}\right) + \dot{\omega}_i \tag{3.4.10}$$

4.2 Favre 시간평균 보존방정식

압축성 유동에서는 레이놀즈 평균 대신 밀도 가중의 Favre 평균을 사용하기도 한다(A. J. Favre[4]). 이러한 방식의 평균화는 N.–S. 방정식의 확산항을 더 복잡하게 만들게 되지만 비선형 대류항을 단순하게 만드는 장점이 있다. 속도성분에 대한 Favre 평균은 다음과 같이 정의된다.

$$\widetilde{V}_i = \frac{\overline{\rho V_i}}{\overline{\rho}} \ (V_i = \widetilde{V}_i + V_i'') \tag{3.4.11}$$

앞서 구한 질량, 모멘텀, 에너지 방정식에 시간 평균을 취하면 다음과 같은 Favre 평균의 질량, 모멘텀, 에너지 방정식을 다시 얻게 된다.

$$\frac{\partial \overline{\rho}}{\partial t} + \frac{\partial (\overline{\rho} \, \widetilde{V}_j)}{\partial x_j} = 0 \tag{3.4.12}$$

$$\frac{\partial}{\partial t}(\overline{\rho} \, \widetilde{V}_i) + \frac{\partial}{\partial x_j}(\overline{\rho} \, \widetilde{V}_i \, \widetilde{V}_j) = -\frac{\partial \overline{p}}{\partial x_i} + \overline{\rho} g_i + \frac{\partial}{\partial x_j}(\overline{\tau_{ij}} - \overline{\rho V_i'' V_j''}) \tag{3.4.13}$$

$$C_p \left[\frac{\partial (\overline{\rho} \, \widetilde{T})}{\partial t} + \frac{\partial (\overline{\rho} \, \widetilde{V}_j \, \widetilde{T})}{\partial x_j} \right] = \frac{D\overline{p}}{Dt} - \sum_{i=1}^{N} \overline{h_i \dot{\omega}_i} + \frac{\partial}{\partial x_j}\left(k \frac{\partial \overline{T}}{\partial x_j} \right)$$
$$+ \overline{\rho D \frac{\partial T}{\partial x_j} \sum_{i=1}^{N} C_{pi} \frac{\partial Y_i}{\partial x_j}} - \frac{\partial}{\partial x_j}(\overline{\rho V_j'' T'}) \tag{3.4.14}$$

$$\frac{\partial(\overline{\rho}\,\widetilde{Y_i})}{\partial t} + \frac{\partial(\overline{\rho}\,\widetilde{V_j}\,\widetilde{Y_i})}{\partial x_j} = \frac{\partial}{\partial x_j}\left(\overline{\rho}D\frac{\partial \widetilde{Y_i}}{\partial x_j} - \overline{\rho V_j'' Y_i''}\right) + \overline{\dot{\omega}_i} \quad (3.4.15)$$

여기서 $\dfrac{D\overline{p}}{Dt}$ 의 에너지 방정식 기여는 종종 무시할 수 있다. 또한 모멘텀, 에너지, 화학종 방정식에서 나타나는 $\overline{\rho V_i'' V_j''}$, $\overline{\rho V_y'' T''}$, $\overline{\rho V_y'' Y_i''}$ 항들은 모델링이 필요하게 된다.

전산음향해석(CAA)

5.1 음향 파동방정식

    음향학은 음파의 본질인 매질의 진동과 파동의 전파와 운동을 다룬다. 음파의 매질은 공기나 물과 같은 유체이므로 유체역학과 밀접하며, 유체역학의 이론인 질량 보존의 법칙, 운동량 보존의 법칙, 에너지 보존의 법칙, 그리고 매질의 열역학적 상태를 식으로 표현하여 정리하면 음파의 시간과 공간에 따른 거동을 나타내는 방정식인 음향 파동 방정식을 얻을 수 있다. 제 2장의 2.7절 식(2.7.1)에 밀도, 속도성분을 대입하면 다음과 같은 연속방정식과 운동량방정식을 얻게 된다. 여기서 $\tilde{\rho}=\rho_o+\rho'$, $\tilde{p}=p_o+p'$, $\underset{\sim}{\tilde{u}}=\underset{\sim}{u}'$로 표시되며, $\widetilde{(\ )}$량은 전체 물리량을 그리고 ( )′은 시간 변동 물리량을 나타낸다.

$$\frac{\partial \tilde{\rho}}{\partial t} + \nabla \cdot (\tilde{\rho}\underline{\tilde{u}}) = 0 \tag{3.5.1}$$

$$\tilde{\rho}\frac{D\underline{\tilde{u}}}{Dt} = -\nabla p + \mu\left[\nabla^2\underline{\tilde{u}} - \frac{2}{3}\nabla(\nabla \cdot \underline{\tilde{u}})\right]$$

음파는 매우 작은 에너지의 파동으로 단열과정으로 가정할 수 있어 에너지보전방정식을 사용하는 대신 열역학적 상태방정식을 활용한다.

$$\tilde{p} = c\tilde{\rho}^\gamma \tag{3.5.2}$$

여기서 γ는 비열비이다. 위 식들에서 미지수들은 $\tilde{\rho}$, $\tilde{p}$, $\underline{\tilde{u}}\left[=(\tilde{u},\ \tilde{v},\ \tilde{w})\right]$ 모두 5개이며 식 (3.5.1)과 식 (3.5.2)의 방정식수도 5개이다. 위 식들 내 $\tilde{\rho}$, $\tilde{p}$, $\underline{\tilde{u}}$에 대해 $\tilde{\rho}=\rho_o+\rho'$, $\tilde{p}=p_o+p'$, $\underline{\tilde{u}}=\underline{u}'$의 관계를 대입하고, $\rho' \ll \rho_o, p' \ll p_o,\ |\underline{u}'| \ll a_o$(음속)의 가정과 함께 점성력의 영향을 무시하면 식 (3.5.1)은 다음 식으로 근사될 수 있다.

$$\frac{\partial \rho'}{\partial t} + \nabla \cdot (\rho_o\underline{u}') = 0 \tag{3.5.3}$$

$$\rho_o\frac{D\underline{u}'}{Dt} = -\nabla p'$$

또한 기체의 경우 열역학적 상태 관계는 식(3.5.2)에 자연로그를 취한 후 선형화하면 다음 식으로 전개할 수 있다.

$$\frac{p'}{p_o + p'} = \frac{\gamma\rho}{\rho_o + \rho'} \tag{3.5.4}$$

$$\frac{p'}{p_o} \simeq \gamma\frac{\rho'}{\rho_o}$$

$$p' \simeq \gamma\frac{p_o}{\rho_o}\rho' = a_o^2\rho', \quad (p_o = \rho_o R T_o, \ a_o^2 = \gamma R T_o)$$

일반적으로 벡터장 $\underline{u}'$은 스칼라 함수 Φ의 Gradient와 벡터 $\underline{A}$의 Curl인 $\nabla\Phi + \nabla\times\underline{A}$와 같이 표현된다고 가정하자. 그런데 음파의 유동은 비회전 운동이므로 $\nabla\times\underline{u}' = 0$로부터 $\underline{u}' = \nabla\Phi$로 나타내어 식 (3.5.3)에 대입하고 식 (3.5.4)의 열역학적 상태 관계를 이용하면 다음 식을 얻게 된다.

$$\frac{\partial\rho'}{\partial t} + \rho_o\nabla^2\Phi = 0 \tag{3.5.5}$$

$$\rho_o\frac{\partial\Phi}{\partial t} = -p' = -a_o^2\rho' \tag{3.5.6}$$

위 두 식을 조합하면 다음과 같은 관계식을 얻게 된다.

$$\nabla^2 p = \frac{1}{a_o^2} \frac{\partial^2 p}{\partial t^2} \tag{3.5.7}$$

$$\nabla^2 \rho = \frac{1}{a_o^2} \frac{\partial^2 \rho}{\partial t^2}$$

$$\nabla^2 \Phi = \frac{1}{a_o^2} \frac{\partial^2 \Phi}{\partial t^2}$$

$$\nabla^2 \underline{u}' = \frac{1}{a_o^2} \frac{\partial^2 \underline{u}'}{\partial t^2}$$

결국, 매질 내의 음파운동과 관련된 모든 물리적 변수들은 식 (3.5.8)과 같이 파동방정식을 만족한다.

$$\left(\nabla^2 - \frac{1}{a_o^2} \frac{\partial^2}{\partial t^2} \right) \begin{pmatrix} p' \\ \rho' \\ \Phi \\ \underline{u}' \\ T \end{pmatrix} = 0 \tag{3.5.8}$$

만일 매질 내에 들어오는 단위 체적당 질량유량인 $Q(x, t)$[단위: $\mathrm{kg/m^3 \cdot s}$]가 존재하면 식 (3.5.1)의 연속방정식은 다음과 같이 표시된다.

$$\frac{\partial \tilde{\rho}}{\partial t} + \nabla \cdot (\tilde{\rho}\tilde{\underline{u}}) = Q(\underline{x}, t) \tag{3.5.9}$$

앞서 수행한 방법과 동일하게 선형화하면 식 (3.5.10)과 같이 소스항이 있는 파동방정식을 얻는다.

$$\frac{\partial^2 \rho'}{\partial t^2} - a_o^2 \nabla^2 \rho' = \frac{\partial Q}{\partial t} = \dot{Q} \tag{3.5.10}$$

만일 집중점 y의 위치에 질량유량 $q(t)$ [단위: kg/s]의 소스항을 가정하는 경우 3차원 디락델타함수를 사용하면 식(3.5.11)로 표현된다.

$$\frac{\partial^2 \rho'}{\partial t^2} - a_o^2 \nabla^2 \rho' = \dot{q}(t) \cdot \delta(\underline{x} - \underline{y}) \tag{3.5.11}$$

3차원 공간에 대한 그린(Green) 함수를 사용해서 해를 구하면 식(3.5.12)를 얻는다. 여기서 r은 음장 내 위치인 관찰점 x와 소스점 y 사이의 거리이며($r = |\underline{x} - \underline{y}|$), 음향장 내 밀도($\rho'$) 혹은 음압 ($p'$)은 소음원에서 관찰점까지의 지연 시간 $\tau(= t - r/a_o)$에서의 $\dot{q}$의 값에 달려 있게 된다.

$$\rho'(\underline{x}, t) = \frac{1}{4\pi a_o^2} \frac{\dot{q}(t - r/a_o)}{r} = \frac{1}{4\pi a_o^2} \frac{\dot{q}(\tau)}{r} = \frac{1}{4\pi a_o^2} \frac{[\dot{q}]}{r} \tag{3.5.12}$$

만일 매질 내에 단위 체적당 변동 힘인 F_i가 분포되면 식 (3.5.3)의 운동량방정식은 다음 식으로 다시 표현된다.

$$\frac{\partial}{\partial t}(\rho u_i) + \frac{\partial}{\partial x_j}(\rho u_i u_j) + \frac{\partial p}{\partial x_i} = F_i(\underline{x}, t) \tag{3.5.13}$$

단극항의 소스 방정식을 유도한 것 같이 선형화를 수행하면 식 (3.5.14)와 같이 유도할 수 있다.

$$\frac{\partial^2 \rho'}{\partial t^2} - a_o^2 \nabla^2 \rho' = -\frac{\partial F_i(\underline{x}, t)}{\partial x_i} = -\frac{\partial F_1}{\partial x_1} - \frac{\partial F_2}{\partial x_2} - \frac{\partial F_3}{\partial x_3} \qquad (3.5.14)$$

단극항과 같이 힘밀도 F_i를 3차원 디락델터함수인 $f_i \delta(\underline{x} - \underline{y})$로 나타내면 무한 매질 내 분포된 집중 형태의 힘에 의한 파동방정식의 해를 그린함수를 통해 나타낼 수 있다.

$$\rho'(\underline{x}, t) = -\frac{1}{4\pi a_o^2} \frac{\partial}{\partial x_i} \left\{ \frac{[f_i]}{r} \right\} \qquad (3.5.15)$$

이러한 이극자 음장분포는 아래 식과 같이 $1/r^2$으로 감쇄되는 근거리장(near field)과 $1/r$의 감쇄 특성의 원거리장(far field)으로 구성됨을 알 수 있다.

$$\rho'(\underline{x}, t) = \frac{1}{4\pi a_o^2} \frac{x_i - y_i}{r} \left\{ \frac{1}{ra_o} \left[\frac{\partial f_i}{\partial t} \right] + \frac{1}{r^2} [f_i] \right\} \qquad (3.5.16)$$

5.2 라이트힐(Lighthill) 방정식 및 FW-H 방정식

유체 매질 내의 난류유동에 의한 음장의 계산은 난류 유동장 밖의 유동을 일정한 밀도 ρ_o와 압력장 p_o를 가정하며, 질량 생성이나 외부 힘의 영향이 없다고 하면, 식 (3.5.1)은 아래 식과 같이 텐서 형태로 나타낼 수 있다.

$$\frac{\partial \tilde{\rho}}{\partial t} + \frac{\partial}{\partial x_i}(\widetilde{\rho u_i}) = 0$$

$$\frac{\partial}{\partial t}\widetilde{\rho u_i} + \frac{\partial}{\partial x_i}(\widetilde{\rho u_i u_j} + \widetilde{p_{ij}}) = 0$$

$$\widetilde{p_{ij}} = \tilde{p}\delta_{ij} - \mu\left\{\frac{\partial \tilde{u_i}}{\partial x_j} + \frac{\partial \tilde{u_j}}{\partial x_i} - \frac{2}{3}\left(\frac{\partial \tilde{u_k}}{\partial x_k}\right)\delta_{ij}\right\} \tag{3.5.17}$$

$\widetilde{\rho u_i}$ 항을 연속방정식과 운동량방정식에서 제거 후에 $-a_o^2\frac{\partial^2 \tilde{\rho}}{\partial x_i^2}$을 양변에 삽입하여 정리하면 다음의 Lighthill 방정식을 얻게 된다.

$$\frac{\partial \rho'}{\partial t^2} - a_o^2\frac{\partial^2 \rho'}{\partial x_i^2} = \frac{\partial^2 \widetilde{T_{ij}}}{\partial x_i \partial x_j}$$

$$\widetilde{T_{ij}} = \widetilde{\rho u_i u_j} + (\tilde{p} - p_o - a_o^2(\tilde{\rho} - \rho_o))\delta_{ij} - \mu\left[\frac{\partial \tilde{u_i}}{\partial x_j} + \frac{\partial \tilde{u_j}}{\partial x_i} - \frac{2}{3}\left(\frac{\partial \tilde{u_k}}{\partial x_k}\right)\right] \tag{3.5.18}$$

상기의 Lighthill 텐서 T_{ij}는 $\widetilde{\rho u_i}$의 운동량이 $\widetilde{u_j}$에 의한 대류항과 등엔트로피 밀도변화로부터의 이탈량 그리고 점성응력에 의한 운동량전달항으로 구성된다. 무한 공간 내 디락델타 함수형태의 4극자 음원강도 t_{ij}를 가정하면 즉, $\widetilde{T_{ij}} = \tilde{t}_{ij}\delta(\underline{x}-\underline{y})$인 경우, 파동방정식에 대한 Green 함수를 적용하여 다음과 같은 해를 얻을 수 있다.

$$\rho'(\underline{x},t) = \frac{1}{4\pi a_o^2} \frac{\partial^2}{\partial x_i \partial x_j}\left\{\frac{[t_{ij}]}{r}\right\}$$

$$= \frac{1}{4\pi a_o^2} \frac{x_i - y_i}{r} \frac{x_j - y_j}{r}\left\{\frac{1}{ra_o^2}\left[\frac{\partial^2 t_{ij}}{\partial t^2}\right] + \frac{3}{r^2 a_o}\left[\frac{\partial t_{ij}}{\partial t}\right] + \frac{3}{r^3}[t_{ij}]\right\}$$

$$(3.5.19)$$

상기 식과 같이 4극자 음원에 의한 음향장은 $1/r^3$의 매우 강한 근거리장과 $1/r$의 원거리장 그리고 $1/r^2$ 감쇄특성의 중간장이 존재하며, 4극자 음원의 방사효율은 이극자 음원에 비해 매우 약함을 알 수가 있다.

예제 1

다음과 같이 맥동하는 구면체에 의한 단극자 음원에 의한 음향장을 구하고, 여러 가지 다른 진폭 ϵ에 따른 음장을 나타내라:
$r = r_o(1+\epsilon\cos\omega t)$. 여기서 r_o는 0.01m, ω는 2,000 rad/s, $\epsilon = 0.001$에 대해서 구하라.

[풀이] $\dfrac{\partial^2 \rho'}{\partial t^2} - a_o^2 \nabla^2 \rho' = \dot{Q}(\underline{x},t), \quad \dot{Q}\left[\dfrac{\dot{m}}{\Delta V \Delta t}\right]$

$$\dot{Q}(\underline{x},t) = \frac{\partial}{\partial t}\left\{\frac{\rho \dot{V}}{V}\right\} = \frac{\partial}{\partial t}\left\{\frac{4\rho\pi r^2 \dot{r}(t)}{4/3\pi r^3}\right\} = \frac{\partial}{\partial t}\left\{3\rho\frac{\dot{r}}{r}\right\}$$

$$= 3\rho\left\{\frac{\ddot{r}r + \dot{r}^2}{r^2}\right\}$$

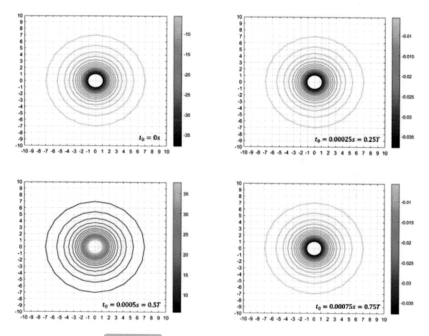

그림 3.5.1 단극자 음원에 의한 음향장 분포

예제 2

z축을 중심으로 Ω의 rpm으로 회전하며 공기 중에 조화함수 형태의 힘을 작용하는 이극자 소음원에 의한 음향장을 구하여라:

$f_3 = 0, \ f_1 = \sin(100\pi t)\cos(\Omega t), \ f_1 = \sin(100\pi t)\sin(\Omega t).$ 여기서 힘 $f(f_1, \ f_2)$은 x_3 축을 중심으로 100rpm으로 회전한다.

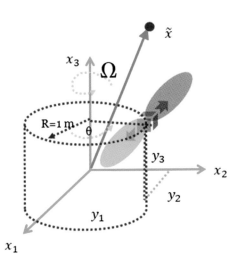

그림 3.5.2 회전하는 이극자 소음원 설명

[풀이]

$$\rho'(\underline{x}, t) = -\frac{1}{4\pi a_o^2} \frac{\partial}{\partial x_i}\left\{\frac{[f_i]}{r}\right\} = -\frac{1}{4\pi a_o^2}\left\{\frac{\partial}{\partial x_1}\left(\frac{[f_1]}{r}\right) + \frac{\partial}{\partial x_2}\left(\frac{[f_2]}{r}\right)\right\}$$

$$= -\frac{1}{4\pi a_o^2}\left\{\frac{\partial}{\partial r}\left(\frac{[f_1]}{r}\right)\right\}\frac{\partial r}{\partial x_1} - \frac{1}{4\pi a_o^2}\left\{\frac{\partial}{\partial r}\left(\frac{[f_2]}{r}\right)\right\}\frac{\partial r}{\partial x_2}$$

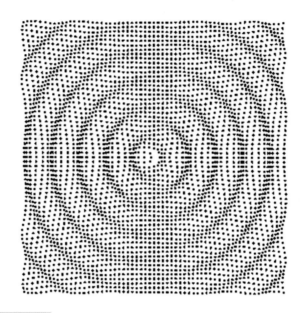

그림 3.5.3 회전하는 이극자 소음원에 의한 음장의 분포 계산결과

라이트힐 이론에 기초하여 Curl(1955)은 정지하고 있는 물체표면이 있는 경우로 확장하였고, Ffowcs Williams와 Hawkings[6](1969)는 비정지 매질속에 움직이는 고체표면에 의한 소음식을 유도하였다. 즉 움직이는 물체의 표면을 $f(\underline{x},\ t) = 0$으로 표시한다면, 질량 및 운동량 보존방정식은 다음과 같이 물체의 존재로 인한 생성항을 갖는다.

$$\frac{\partial \rho}{\partial t} + \frac{\partial}{\partial x_i}(\rho u_i) = \rho_o u_i \delta(f)\frac{\partial f}{\partial x_i} \tag{3.5.20}$$

$$\frac{\partial(\rho u_i)}{\partial t} + \frac{\partial}{\partial x_j}(\rho u_i u_j + p_{ij}) = p_{ij}\delta(f)\frac{\partial f}{\partial x_j} \tag{3.5.21}$$

식 (3.5.20)과 식 (3.5.21)을 이용하여 비균일 파동식을 구하면, Ffowcs Williams-Hawkings(FW-H) 방정식을 얻을 수 있다.

$$\frac{\partial^2 \rho'}{\partial t^2} - a_o^2 \frac{\partial^2 \rho'}{\partial x_i^2} = \frac{\partial^2 T_{ij}}{\partial x_i \partial x_j} - \frac{\partial}{\partial x_i}\left[p_{ij}\delta(f)\frac{\partial f}{\partial x_j}\right] + \frac{\partial}{\partial t}\left[\rho_o u_i \delta(f)\frac{\partial f}{\partial x_i}\right] \qquad (3.5.22)$$

식 (3.5.22)의 첫째항은 라이트힐 방정식의 생성항과 같이 변동하는 레이놀즈응력에 의한 소음인 사극소음원이며, 둘째항은 물체표면에 의해 유체에 작용하는 단위면적당 이극소음원 강도들의 분포에 의한 소음을 나타내며, 셋째항은 물체의 표면에서 수직방향으로의 가속도에 의한 단극소음원의 기여를 나타낸다. 이러한 FW-H 방정식의 단극소음원과 쌍극소음원에 대하여 Farassat(1981)은 다음과 같이 각각 두께소음 (식 (3.5.23)) 및 부하소음 ((식 (3.5.24))을 구하였다.

$$p'(\underline{x},t) = \frac{1}{4\pi}\frac{\partial}{\partial t}\int_S \left[\frac{\rho_o u_n}{r \mid 1 - M_r \mid}\right] dS(\underline{y}) \qquad (3.5.23)$$

$$p'(\underline{x},t) = -\frac{1}{4\pi}\frac{\partial}{\partial x_i}\int_S \left[\frac{p_{ij}n_j}{r \mid 1 - M_r \mid}\right] dS(\underline{y}) \qquad (3.5.24)$$

여기서 M_r은 $\underline{y}$의 위치에 있는 소음원의 $\underline{x}$의 위치에 있는 관측자 방향으로의 속도성분 마하수이다.

대와류모사법(LES)

6.1 서론

　본 장에서는 제 2 단원 제 5장에서 다룬 난류유동의 비정상 해석을
위한 가장 효과적인 방법인 대와류모사법(LES)을 살펴보고자 한다. 본
LES 유동 논의에서는 뉴톤(Newtonian)유체, 단상(Single-phase), 외
부력 없는 비반응(non-reactive) 유동을 가정한다. 난류유동의 비정
상 해석의 대표적 방법 중 하나는 직접수치계산법(Direct Numerical
Simulation; DNS)이다. DNS는 어떤 물리적 가정이나 모델없이 비정
상 Navier-Stokes 방정식을 직접 푸는 방법이다. DNS 방식의 계산 격
자간격 Δx나 시간간격 Δt는 콜모고로프 스케일 운동까지 계산할 수

있어야 하며, 계산영역은 큰 스케일유동을 포함하도록 커야 하므로 큰 용량의 계산이 되어 이론적인 난류 연구에 주로 사용된다.

　반면, 시간 평균/앙상블 평균 혹은 필터링한 수치모사법은 Naver-Stokes 방정식을 시간 평균 혹은 필터링 작업을 수행하여 작은 스케일이나 고주파수 운동을 제거하므로 조금 더 부드러운 형태의 방정식 해를 얻게 되며 수치해석 시간을 단축하여 대용량의 수치계산의 어려움을 극복할 수 있는 장점이 있다. 이 경우 수치 계산상 가장 작은 스케일의 운동은 더 이상 콜모고로프(Komogorov) 스케일이 아니며 Cutoff 길이 스케일과 비슷하게 된다($\overline{\Delta} > \eta$). 따라서 고주파수의 운동은 모사되지 않으므로 통계적인 모델을 통해 필터된 고주파수 운동이 격자로 계산되는 운동에 주는 비선형적인 영향을 반영해야 한다. 시간 평균 방식의 가장 보편적인 레이놀즈 평균법(Reynolds-Averaged Navier-Stokes ; RANS)와 LES를 비교하면 다음과 같다:

- 레이놀즈 평균법(RANS) : Ergodic 정리에 따르는 통계적인 평균을 시간평균으로 근사하며 결국 일반적인 정상상태 유동계산에 사용된다. 그러나 통계적 평균을 조건적 혹은 위상평균을 사용하여 구해 비정상 RANS 계산을 수행할 수는 있다. 이 경우에는 Cutoff 주파수가 정의가 안 되므로 이론적 정밀도의 제어는 어렵다.

- 대와류모사법(LES) : DNS 데이터에 Convolution을 취하는 필터링을 사용하므로 이론적으로는 외재적 필터링이지만, 실제로는 계산격자, 모델링 및 수치오차 등으로 내재적 필터링이 된다.

6.2 LES의 기본적 가정

    LES는 아격자(Subgrid-scale)모델이라는 통계적 모델을 사용하여 엄밀해의 작은 스케일 운동을 설명하는 스케일 분리의 계산방법이다. 즉, Komogorov(1941) 주장의 국부적 등방성 가정에 기초하여 이러한 고주파수 운동을 방정식에서 제거한다. 유동의 난류로의 천이나 난류 운동에너지와 연관된 물리적 driving은 큰 스케일 운동에서 비롯되며, 큰 스케일 운동은 경계조건에 민감하며 비등방성 특성을 갖고 전체 변동 운동에너지의 80~90% 차지한다. 반면, 작은 스케일 운동은 보편적이며 등방성 특성을 갖으며 유동 내 점성소산에 책임이 있으나, 전체 변동의 운동에너지의 매우 작은 부분 차지한다. LES에서는 Cutoff 길이 ($\overline{\Delta}$)를 앞서 설명한 큰 스케일 운동과 작은 스케일이 잘 나눠지도록 정의한다.

    비압축성 혹은 압축성 뉴튼 유체의 운동에 대한 지배방정식을 벡터 형태로 적으면 다음과 같다.

$$\frac{\partial \rho \underline{V}}{\partial t} + \nabla \cdot (\rho \underline{V}) = 0$$

$$\frac{\partial \underline{V}}{\partial t} + \nabla \cdot (\rho \underline{V} \otimes \underline{V} + p) = \nabla \cdot \widetilde{\tau}_v$$

$$\frac{\partial E}{\partial t} + \nabla \cdot (\underline{V}(E+p)) = \nabla \cdot (\underline{V} \cdot \widetilde{\tau}_v) - \nabla \cdot \underline{q}_T \qquad (3.6.1)$$

여기서 ρ, $\rho\underline{V}$, E는 밀도, 선형 모멘텀, 전체 에너지이며 응력텐서와 열유속은 각각 $\tilde{\tau}_v$와 $q\,T$이다. 또한 기호 $\otimes$는 텐서 곱을 나타낸다. 즉, $(\underline{V}\otimes\underline{V})_{ij}$는 $V_i V_j$이다. 스토크 (Stokes) 가정에 따른 응력 텐서는 열유속은 다음 식과 같이 표현된다.

$$\tilde{\tau}_v = \mu(\nabla\,\underline{V} + \nabla^T\underline{V} - \frac{2}{3}(\nabla\,\cdot\,\underline{V})\boldsymbol{I}_d)$$

$$q_T = -\kappa\nabla T \tag{3.6.2}$$

비압축성유동을 가정하고 성층화 문제가 없으며 밀도를 수동적으로 고려하면 지배방정식은 결국 다음과 같아진다.

$$\nabla\,\cdot\,\underline{V} = 0$$

$$\frac{\partial\underline{V}}{\partial t} + \nabla\,\cdot\,(\underline{V}\otimes\underline{V}) = -\nabla p + \nu\nabla^2\underline{V}$$

$$\frac{\partial T}{\partial t} + \nabla\,\cdot\,(\underline{V}T) = \kappa\nabla^2 T \tag{3.6.3}$$

6.3 필터링(Filtering)

 LES에서 고려하는 필터는 격자필터, 이론적 필터, 수치적 필터, 아격자모델 필터 등이다. 계산 격자 Δx를 사용하는 수치 해석은 마치 격자 필터로서 역할을 하여 격자 Δx가 계산의 최소 분해능을 나타내므로 더 작은 운동은 계산할 수 없다. 균일격자계에서는 Cutoff 파수 k_c는 $\dfrac{\pi}{\Delta x}$가 된다. 이론적 필터는 Navier_Stokes 방정식의 엄밀 해에 적용되는 필터로서 Cutoff 길이를 $\overline{\Delta}$라고 한다. 수치적 필터는 계산되는 주 파수에 걸쳐 불균일하게 분포되는 수치적 오차로 인한 일종의 필터로서 파수가 증가함에 따라 수치오차는 증가한다. 마지막으로 아격자모델 자체로 인한 오차발생으로 이론적 필터가 아격자모델 필터로 전환됨을 의미한다.

 Leonard(1974)가 제안한 Convolution 필터식은 다음과 같다.

$$\overline{V}(x,t) = \int_{-\infty}^{t} \int_{-\infty}^{+\infty} G(\overline{\Delta}, \overline{\theta}, |x-x'|, t-t')\, V(x',t')\, dx'\, dt'$$

$$= G(\overline{\Delta}, \overline{\theta}) \star V(x,t) \qquad (3.6.4)$$

여기서 $G(\overline{\Delta}, \overline{\theta}, |x-x'|, t-t')$는 필터커널이며, $\overline{\Delta}$와 $\overline{\theta}$는 가각 Cutoff 길이와 Cutoff 시간을 나타낸다. 또한 작은 스케일 유동 v'은 아래 식으로 나타내진다.

$$v'(x,t) = V(x,t) - \overline{V}(x,t) \qquad (3.6.5)$$

이 때 계산영역을 무한 공간이라고 하면, 좌표축방향이나 공간 위치에 따라 달라지지 않는 등방 특성의 필터를 사용할 수 있다. 또한 필터링의 수학적 성질을 정리하면 다음과 같다.

- 선형성 : $\overline{U+V} = \overline{U} + \overline{V}$

- 상수값 보존 : $\overline{a} = a \Leftrightarrow \int_{-\infty}^{+\infty} G(\overline{\triangle}, |x-x'|)dx' = 1, \quad \forall x.$

- 미분과 교환법칙 성립 : $\left[\dfrac{\partial}{\partial s}, G\star\right] = 0, \quad s = x, t \;$;

  $[a,b](V) = a \circ b(V) - b \circ a(V)$

- Projector 특성의 RANS와 달리 다음의 필터링 특성을 갖는다:

  $\overline{\overline{V}} \neq \overline{V}, \; \overline{v'} \neq 0$

필터링 연산자를 퓨리에 공간에서 다시 쓰면 다음과 같다:

$$\overline{\widehat{V}}(k,t) = \widehat{G}(k)\,\widehat{V}(k,t) \tag{3.6.6}$$

여기서 $\widehat{V}, \widehat{G}$은 각각 V와 G의 퓨리에 변환함수이다. LES에서 사용되는 대표적인 필터는 아래 표에 나타나 있다.

[표 3.6.1] LES 필터들의 함수 및 퓨리에 변환함수

Name	$G(\overline{\triangle}, |x-x'|)$	$\widehat{G}(k)$
Gaussian filter	$\sqrt{6/\pi\overline{\triangle}^2}\,exp(-6|x-x'|^2/\overline{\triangle}^2)$	$\exp(-k^2\overline{\triangle}^2/24)$
Sharp cutoff filter	$\sin(|x-x'|k_e)/(|x-x'|k_e)$	$\begin{cases} 1 \text{ if } k \leq k_e \\ 0 \; otherwise \end{cases}$
Box/top-hat filter	$\begin{cases} 1/\overline{\triangle} \text{ if } |x-x'| \leq \overline{\triangle}/2 \\ 0 \; otherwise \end{cases}$	$\sin(k\overline{\triangle}/2)/(k\overline{\triangle}/2)$

가우시안 필터는 실제 공간과 퓨리에 공간 모두에서 양수이며, 급속하게 감쇄하는 특성을 나타내며, Sharp Cutoff 필터는 일종의 Projector 필터이다. 아래 그림 3.6.1은 필터들의 계산영역스케일과 아격자스케일 스펙트럼의 오버랩을 보여준다.

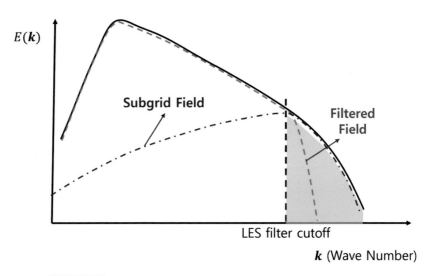

그림 3.6.1 실제 에너지 스펙트럼 및 필터된 에너지 스펙트럼의 비교

필터링 전의 보전방정식은 아래 식과 같으며 여기서 F함수는 V에 대한 이차곱 형태라고 하자.

$$\frac{\partial V}{\partial t} + \nabla \cdot F(\underline{V}, \underline{V}) = 0 \tag{3.6.7}$$

위 식에 Convolution을 취하고 미분에 대해 교환법칙을 적용하면 다음과 같이 된다.

$$\overline{\frac{\partial V}{\partial t}} + \overline{\nabla \cdot F(\underline{V}, \underline{V})} = 0$$

$$\frac{\partial \overline{V}}{\partial t} + \nabla \cdot \overline{F(\underline{V}, \underline{V})} = 0. \tag{3.6.8}$$

따라서 우리는 $\overline{F(\underline{V}, \underline{V})}$를 필터된 $\overline{V}$의 함수로 나타내기 위해 $V = \overline{V} + v'$을 대입하여 정리하면 아래 식과 같다.

$$\frac{\partial \overline{V}}{\partial t} + \nabla \cdot \overline{F(\underline{\overline{V}}, \underline{\overline{V}})} = -\nabla \cdot (\overline{F(\underline{\overline{V}}, \underline{v}')} + \overline{F(\underline{v}', \underline{\overline{V}})} + \overline{F(\underline{v}', \underline{v}')}) \tag{3.6.9}$$

상기 싱의 오른쪽에 나타난 항들은 아격자 스케일인 v'과 관련이 있으므로 $\overline{V}$의 함수로서 아격자모델로 근사하여야 한다.

먼저 1974년 발표된 Leonard[9] 분해를 살펴보기로 한다. 비압축성 Navier-Stokes 방정식에 Convolution 필터링을 하면 다음과 같다.

$$\nabla \cdot \overline{V} = 0$$

$$\frac{\partial \overline{V}}{\partial t} + \nabla \cdot (\overline{V \otimes V}) = -\nabla \overline{p} + \nu \nabla^2 \overline{V} \tag{3.6.10}$$

상기 비선형 항에 $V = \overline{V} + v'$를 대입하면 다음과 같다.

$$\overline{V \otimes V} = \overline{(\overline{V} + v') \otimes (\overline{V} + v')}$$

$$= \overline{(\overline{V} \otimes \overline{V})} + \overline{(\overline{V} \otimes v')} + \overline{(v' \otimes \overline{V})} + \overline{(v' \otimes v')} \tag{3.6.11}$$

여기서 첫째 항은 계산되는 항이다. 또한 두 번째와 세 번째 항은 Cross 항이라 불리며, 마지막 항은 Reynolds 응력 항이라고 한다. 또 첫 번째 항도 아래와 같이 나타낼 수 있다.

$$\overline{\overline{V} \otimes \overline{V}} = \overline{V} \otimes \overline{V} + (\overline{\overline{V} \otimes \overline{V}} - \overline{V} \otimes \overline{V}) \tag{3.6.12}$$

여기서 오른편 둘째 항을 Leonard항 (L)이라고 불리며 이는 계산되는 스케일 운동 상호작용으로 인한 변동을 나타낸다. Cross항 (C)은 계산되는 스케일과 아격자 스케일간의 직접적인 상호작용을 나타내며, 마지막 아격자 레이놀즈응력항 (R)은 계산 스케일에 대한 아격자 운동의 영향을 나타낸다. 따라서 계산되는 비선형항의 형태에 따라 아래 표와 같이 아격자 응력이 표현된다.

[표 3.6.2] 계산되는 비선형항의 형태에 따른 아격자 응력

계산되는 대류항 형태	아격자 응력 $\tilde{\tau}$
$\overline{\overline{V} \otimes \overline{V}}$	$C + R$
$\overline{\underline{V} \otimes \underline{V}}$	$L + C + R$

제 3단원 제 4장의 반응유동 중 압축성 유동에 대한 지배방정식에 LES 필터링을 한 압축성 LES방정식을 살펴보기로 한다. 이 때의 보존 방정식 변수(ρ, $\rho\underline{V}$, E)는 ($\overline{\rho}$, $\overline{\rho\underline{V}}$, $\overline{E}$)로 바뀌며, 이중 $\overline{\rho\underline{V}}$는 아래 식과 같이 질량평균으로 표시된다.

$$\overline{\rho\underline{V}} \equiv \overline{\rho}\,\widetilde{\underline{V}}, \tag{3.6.13}$$

즉 $\widetilde{\underline{V}} = \overline{\rho\underline{V}}/\overline{\rho}$가 된다. 전체 에너지에 대해서 $\hat{E} = \dfrac{\overline{p}}{\gamma - 1} + \overline{\rho}\,\widetilde{V}^2$와 같이 정의하여 ($\overline{\rho}$, $\widetilde{\underline{V}}$, $\hat{E}$)에 대한 필터링된 방정식을 정리하면 다음과 같다.

$$\frac{\partial \overline{\rho}}{\partial t} + \nabla \cdot (\overline{\rho}\,\widetilde{\underline{V}}) = 0,$$

$$\frac{\partial \overline{\rho}\,\widetilde{\underline{V}}}{\partial t} + \nabla \cdot (\overline{\rho}\,\widetilde{\underline{V}}\widetilde{\underline{V}}) + \nabla \overline{p} - \nabla \cdot \hat{\underline{\tau}}_v = \underline{A}_1 + \underline{A}_2,$$

$$\frac{\partial \hat{E}}{\partial t} + \nabla \cdot (\widetilde{\underline{V}}(\hat{E} + \overline{p})) - \nabla \cdot (\widetilde{\underline{V}} \cdot \hat{\tau}_v) + \nabla \cdot \hat{\underline{q}}_T$$

$$= -B_1 - B_2 - B_3 + B_4 + B_5 + B_6 - B_7 \tag{3.6.14}$$

여기서 $\hat{\tau}_v$, $\hat{q}_T$는 계산된 스케일의 변수들로부터 구해진 점성응력텐서 및 열유속벡터이다.

또한

$$\hat{\tau} \equiv \overline{\rho}(\widetilde{\underline{V}\underline{V}} - \widetilde{\underline{V}}\widetilde{\underline{V}}), \ \underline{A}_1 = -\nabla \cdot \tau, \ \underline{A}_2 = \nabla \cdot (\overline{\tau_v} - \hat{\tau}_v),$$

$$B_1 = \frac{1}{\gamma - 1}\nabla \cdot (\overline{p\underline{V}} - \overline{p}\,\widetilde{\underline{V}}), \ B_2 = \overline{p\nabla \cdot \underline{V}} - \overline{p}\nabla \cdot \widetilde{\underline{V}},$$

$$B_3 = \nabla \cdot (\overline{\tau \cdot \underline{V}}), \ B_4 = \overline{\tau \cdot \nabla \cdot \underline{V}}, \ B_5 = \overline{\tau_v : \nabla \underline{V}} - \overline{\tau}_v : \widetilde{\underline{V}} \ ,$$

$$B_6 = \nabla \cdot (\overline{\tau_v\underline{V}} - \hat{\tau}_v\widetilde{\underline{V}}), \ B_7 = \nabla \cdot (\overline{q}_T - \hat{q}_T) \text{ 이다.}$$

또한 Bounded Domain에는 등방성 필터를 사용할 수 없으며 경계면에서 필터커널을 수정해야 한다. 일정한 Cutoff 스케일 ($\overline{\Delta}$)의 등방성 필터를 사용하지 못하므로 Homogeneity가 사라져 미분에 대한 교환법칙을 만족하지 못하게 되어, 공간에 따라 변하는 Cutoff 스케일 ($\overline{\Delta}$)을 사용하는 경우 다음과 같은 오차가 발생한다.

$$\left[\frac{\partial}{\partial x}, G\star\right](\varPhi) = \left(\frac{\partial G}{\partial \overline{\Delta}}\star\varPhi\right)\frac{\partial \overline{\Delta}}{\partial x} + \int_{\partial\Omega} G(\overline{\Delta}(x), x - x')\varPhi(x')n(x')ds \quad (3.6.15)$$

여기서 $n(x)$는 경계면 Ω 밖을 향하는 단위 벡터이다.

일반적인 격자계에서 필터링된 Navier-Stokes 방정식을 사용하기 위해서는 첫 번째 방법은 직교좌표계의 Navier-Stokes 방정식에 필터링을 한 후, 일반좌표계에서 풀 수 있도록 일반좌표계의 필터링으로 변환하거나, 둘째로는 일반 좌표계로 Navier-Stokes 방정식을 정리한 후에 필터링을 적용할 수 있다.

6.5 수치계산시 유의사항

　　LES의 정확한 계산을 위해서는 격자 정밀도를 고려해야 한다. 예를 들어 균질 난류장 혹은 자유전단 유동장의 도메인 및 격자는 Two-point Correlation이 0이 되도록 Domain 이 충분히 커야 하며, 점성 소산을 계산할 수 있도록 격자는 작아야 한다. ($0.1 \leq k\eta \leq 1$ 즉, $6\eta \leq l_o \leq 60\eta$, $\eta = \sqrt{\nu^3/\epsilon}$ (Kolmogorov 스케일)) 또한 4-10η 직경 크기의 wormlike 유동구조를 풀기 위해서는 $\Delta x \sim \eta$(DNS 계산)이어야 하므로, $\dfrac{L}{\eta} \propto Re_L^{3/4}$, $Re_L = \dfrac{UL}{\nu}$, $U = \sqrt{\dfrac{1}{2}\overline{u_i' u_i'}}$ 이며, 결국 L3 크기 부피의 등방성 난류장의 DNS 계산의 격자수 N은 $Re_L^{9/4}$가 된다. 난류 적분 시간스케일을 TL이라고 하고 Komogorov 시간 스케일을 $T_\eta(= \sqrt{\left(\dfrac{\nu}{\epsilon}\right)})$라고 하면, 시간 간격의 수는 $\dfrac{T_L}{T_\eta} \propto Re_L^{1/2}$가 된다. 따라서 N-S 방정식을 계산하는 전체 계산 수는 최소한 $Re_L^{11/4}$가 된다.

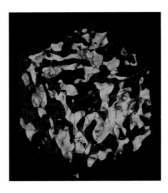

그림 3.6.2 등방성 균일난류장 내의 유동구조 계산(Lee[10], 1992)

아래 표에는 DNS 계산시 필요한 Resolution의 정도가 나타나 있다. 따라서 LES 계산의 아격자모델은 난류 에너지 cascade의 모사가 가능하여야 하며, LES 격자의 크기는 난류의 생성과 천이과정을 계산할 정도로 작아야 한다.

[표 3.6.3] 난류 유동형태에 따른 DNS 계산시 요구되는 정밀도

Flow	Resolution in η^*
Boundary layer	$\triangle x \simeq 15, \triangle y \simeq 0.33, \triangle z \simeq 5^{**}$
Homogeneous shear	$\triangle x \simeq 8, \triangle y \simeq 4, \triangle z \simeq 4$
Isotropic turbulence	$\triangle x \simeq 4.5, \triangle y \simeq 4.5, \triangle z \simeq 4.5$

(*벽면는 wall-bounded 유동 기준, **x, y, z는 각각 유선, 벽면 수직, 스팬 방향임. Moin and Mahesh(1998))

벽면경계 유동장의 경우 큰 스케일유동은 경계층 Outer layer에서의 경계층두께인 반면 inner layer에서의 난류생성관련 점성길이 스케일은 $\dfrac{\nu}{u_\tau}$이다. 여기서 $u_\tau = \sqrt{\tau_w/\rho}$이다.

비압축성 경계층유동에서 $\dfrac{u_\tau}{U} \propto \sqrt{C_f}$ $(C_f \propto Re^{-\alpha})$이며, α는 약 0.2 ~0.25의 값을 갖는다. inner 층에서의 벽면 streaky 구조는 벽면길이 단위로 동일한 공간특성을 가지므로 각 방향으로의 격자의 수는 다음과 같이 계산된다.

$$N = \frac{L}{\triangle x} = \frac{L}{\triangle x(\sim \nu/u_\tau)} \propto \frac{LURe_L^{-\alpha/2}}{\nu} \propto Re_L^{1-\alpha/2} \qquad (3.6.16)$$

결국 전체 격자수는 $Re_L^{3(1-\alpha/2)} \sim Re_L^{2.625} - Re_L^{2.7}$의 값을 갖고, 필요

한 계산시간 간격의 수는 $Re_L^{\alpha+1/2}$가 되어 전체 계산수는 $Re_L^{3.5-\alpha/2}$ ~ $Re_L^{3.4}$가 된다. 또한 벽면유동에서 난류생성 이벤트는 레이놀즈수의 함수이므로 LES도 벽면의 경우도 DNS와 같은 격자크기가 필요하다 (Wall-resolving LES). 그러나 LES의 경우 유선방향과 span방향으로는 $\Delta x^+ \approx 50$, $\Delta y^+ \approx 15$도 가능하겠다. 아래 표에는 벽면길이단위로 비교된 경계층유동에서의 격자크기가 비교되어 있다.

[표 3.6.4] 벽면길이단위로 비교된 경계층유동에서의 격자크기의 비교

	DNS	Wall-resolving LES
Δx^+ (streamwise)	10-15	50-100
Δy^+ (spanwise)	5	10-20
Min(Δz^+)(wall-normal)	1	1
Number of points in $0 < z^+ < 10$	3	3

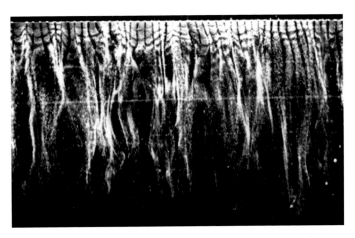

그림 3.6.3 평판 난류경계층위 난류구조 ($y^+ = 2.7$) (Kline 등[11], 1967)

비압축성 유동의 아격자모델은 두 가지로 크게 대별된다. 하나는 Functional 모델링로서 계산 스케일 유동에 같은 효과(dispersive, dissipative)가 있도록 필터방정식에 새로운 항을 추가하며 τ에 대한 모델이 아닌 $\nabla \cdot \tau$에 대한 모델인 반면, Structural 모델링은 아격자 텐서인 τ에 대한 모델을 구현한다. 따라서 계산격자에 의해 계산되는 스케일 사이의 상호작용은 structural 모델을 통해 그리고 계산스케일과 cutoff 이하 스케일과의 상호작용은 소산적인 Functional 모델을 사용한다.

Functional 모델은 등방성 난류유동을 근거로 하므로 아격자모델의 역할은 계산스케일로 부터의 운동에너지를 소산시키는 것이다(에너지 Cascade). 그러므로 아격자의 작은 스케일에서 큰 스케일의 운동에너지의 전달현상인 back scatter를 처리하기 어려운 면이 있다.

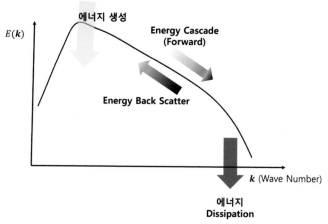

그림 3.6.4 에너지 캐스케이드 전달과 back scatter

대표적인 Functional 모델은 Smagorinsky 모델[12](1963)로서 Eddy 점성모델 중 하나이며, 모델의 형태는 다음과 같다.

$$\tau^D = -2\nu_t \overline{S}, \quad \overline{S} = \frac{1}{2}(\nabla \overline{V} + \nabla^t \overline{V}),$$

$$\tau^D = \tau - (\tau_{kk}/3)I_d \qquad (3.6.17)$$

Smagorinsky 모델에서 $\nu_t \propto l_0^2 t_0^{-1}$ 이다. 여기서 l_o, t_o는 아격자 스케일과 해당 시간 스케일이다. 아격자모드에 대한 대표적 스케일을 Cutoff 필터 사이즈($\overline{\Delta}$)로 나타내면 또한 $l_0 = C_s \overline{\Delta}$ 이다. 여기서 Smagorinsky Cs는 구해야 하는 상수가 된다. 국부적 에너지 평형이론, 즉 난류운동 에너지의 생성과 Cutoff 크기 이하로의 에너지 전달이 같아 아격자스케일에서 모두 소산된다고 가정하면 아격자모드의 시간 스케일과 계산 스케일 모드의 시간스케일이 같다고 할 수 있다.

$$T_0 = 1/\sqrt{2\overline{S_{ij}}\,\overline{S_{ij}}} = t_0, \, \nu_t = (C_s\overline{\Delta})^2 \sqrt{2\overline{S_{ij}}\,\overline{S_{ij}}} \qquad (3.6.18)$$

Kolmogorov 에너지 스펙트럼인 $E(k) = K_o \epsilon^{2/3} k^{-5/3}$, $K_o \sim 1.4$를 가정하고 sharp cutoff 필터의 경우 Cs는 0.18이 된다(채널유동의 경우 0.1).

Structural 모델에는 Bardina[13](1983)의 Scale-similarity 모델, Lee[14] (1992)의 Deductive model 그리고 Germano 등[15](1991)의 Dynamic 모델이 있다. Deductive 모델은 아래 식과 같이 필터된 물리량을 아래 식과 같이 Taylor series로 전개하여 모델링하는 방법이다.

$$u(y) = u(x) + \sum_{l=1,\infty} \frac{(y-x)^l}{l!} \frac{\partial^l u}{\partial x^l}(x)$$

$$\overline{u}(x) = \sum_{k=0,\infty} \frac{(-1)^k}{k!} \overline{\Delta^k} M_k(x) \frac{\partial^k u}{\partial x^k}(x),$$

$$M_k(x) = (-1)^k \int_{(\pi-x)/\overline{\Delta}}^{(\pi+x)/\overline{\Delta}} G(\overline{\Delta}, x, y) y^k dy \tag{3.6.19}$$

$$u^\star(x,t) = \left(\sum_{k=0,p} \frac{(-1)^k}{k!} \overline{\Delta^k} M_k(x) \frac{\partial^k}{\partial x^k} \right)^{-1} \overline{u}(x,t),$$

$$\tau_{ij} = \sum_{l,m=0,\infty;(l,m)\neq(0,0)} C_{lm} \frac{\partial^l \overline{u_i}}{\partial x^l} \frac{\partial^m \overline{u_j}}{\partial x^m}$$

Germano 등 (1991)은 두개의 다른 필터레벨, 즉 첫 번째 격자 필터 ($\overline{\Delta}$)와 테스트 필터 ($\widehat{\overline{\Delta}}$),에서의 아격자 응력을 각각 τ와 T라고 하면, 첫 번째 필터레벨에서 계산된 $\overline{V}$를 이용하여 구한 응력 텐서를 L_m이라고 하면 아래의 Germano identity라는 식을 만족하게 된다.

$$\underbrace{(\overline{\widehat{u_i u_j}} - \widehat{\overline{u_i}}\,\widehat{\overline{u_j}})}_{L_{ij}^m} = \underbrace{(\widehat{\overline{u_i u_j}} - \widehat{\overline{u_i}}\,\widehat{\overline{u_j}})}_{T_{ij}} - \underbrace{\overline{(\widehat{u_i u_j} - \overline{u_i}\,\overline{u_j})}}_{\tau_{ij}} \tag{3.6.20}$$

이를 이용하여 국부적인 Functional 아격자모델의 상수값 C를 결정하게 되며, 최소오차자승법을 사용하여 잔차인 R_{ij}가 최소가 되도록 한다:
$$\frac{\partial R_{ij} R_{ij}}{\partial C} = 0, \quad C = \frac{L_{ij}^m M_{ij}}{M_{ij} M_{ij}}.$$

$$\tau_{ij} = Cf_{ij}(\overline{V}, \overline{\Delta}), \quad T_{ij} = Cf_{ij}(\widehat{\overline{V}}, \widehat{\overline{\Delta}}),$$

$$R_{ij} = L_{ij}^{m} - C\underbrace{(f_{ij}(\widehat{\overline{V}}, \widehat{\overline{\Delta}}) - \widehat{f}_{ij}(\overline{V}, \overline{\Delta}))}_{M_{ij}} \tag{3.6.21}$$

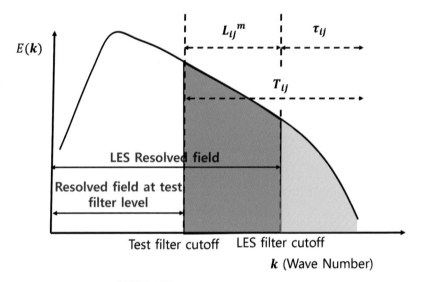

그림 3.6.5 두 개의 필터링 레벨 설명

　　Dynamic 모델의 특징은 벽근처에서 강제 댐핑 필요없이 ν_t가 자동
적으로 작아지며 천이과정 계산이 가능하다. 그러나 Eddy 점성모델과
사용시 C값이 음수가 될 수 있어 $\nu + \nu_t > 0$을 만족하도록 Clipping
하거나 시간에 대해 Homogenous 방향으로 상기 C를 구하는 방정식
의 분자와 분모의 평균값을 취한다.

본 절에서는 삼차원 LES 해석의 예로서 중장비 냉각에 사용하는 냉각횐 난류유동 및 소음해석을 다루고자 한다. 제 3단원 제 5장과 6장의 다중해석 예라고 하겠다. 해석 소프트웨는 ANSYS Fluent[T.M.](v 19.0)를 사용하여 비정상상태 유동해석을 수행한다. 수치해석 도메인은 프로펠러 후류의 특성을 고려하여 상류와 하류까지의 거리를 각각 프로펠러 직경의 3배 5배로 하며, 전체 도메인은 원통좌표계로 한다. 그림 3.6.6에는 해석에 사용한 수치해석 도메인과 경계조건 그리고 회전 및 고정격자계가 나타나 있다.

    비정상 계산을 위해 LES 해석에 사용한 모델은 앞서 설명한 Functional 모델인 Smagorinsky 모델로서 모델 계수 Cs(Smagorinsky 상수)는 전 도메인 및 계산 전체시간에 걸쳐 0.1로 한다. 또한 비정상 유동해석을 위한 시간간격 $\Delta t/T_o$를 7.017×10^{-6}으로 설정하며, 이는 1회전 시간을 1,800개의 간격으로의 분할을 의미하고 각 시간간격당 0.2°의 회전에 해당한다. 또한 유동해석 결과를 매 시간간격마다 저장하여 해석결과를 비교한다. 해석에 사용한 장비의 CPU는 Intel사의 xeon® gold 6238R 2.20GHz 56core, 메모리는 64GB ECC를 사용하여 Cent OS7에서 해석을 수행하였다. 해석시간은 1회전 기준 약 35시간가량 소요되며, 충분한 통계자료를 얻을 수 있도록 각 5 사이클 시간에 대해 해석을 진행하여 한 모델 당 175시간 소요되었다.

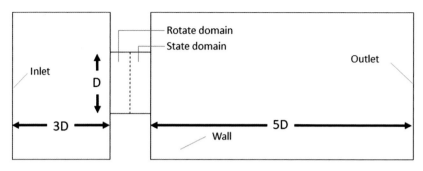

(a) 수치해석 도메인과 경계조건

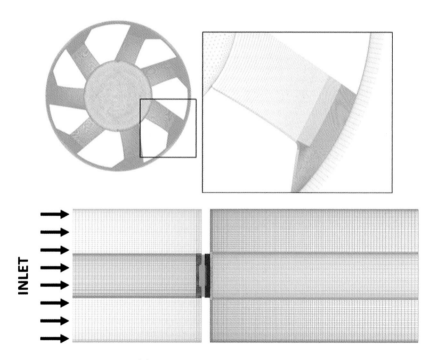

(b) 팬 회전격자 및 고정격자시스템

그림 3.6.6 냉각팬 유동 및 소음해석 도메인 및 격자시스템

그림 3.6.6(a)에 나타난 도메인에 대한 경계조건으로 입구의 경우에는 해당 전진비(혹은 유량계수)에 맞는 균일한 입구 속도를 주었으며, 출구에는 유량경계조건을 설정하였다. 회전운동에 대해 별도의 Rotating Domain을 설정하여 축류홴 주위 볼륨을 회전시켜 일정 회전수, 예를 들면 4,750rpm으로 고정하였다. 그림 3.6.6(b)의 회전도메인과 정지도메인은 모두 사면체 격자로 생성하였고 Fan 표면의 y+를 1.0 이하가 되도록 하여 성장률 1.15의 5개 층의 프리즘 레이어를 구성한다. 또한 해석의 정확성을 위해 Courant 수를 최대 1.0보다 작도록 시간과 격자 간격을 설정하였다. 비정상 해석의 통계적 수렴을 확인하기 위해 5번째 Cycle 결과를 기준으로 구한 상대오차로 비교해 보면 3번째 Cycle 부터 약 1% 미만의 오차를 보임을 오차의 크기를 로그스케일로 나타낸 그림 3.6.7로부터 알 수가 있다. 해석은 유량 Q=0.2, 0.6, 1.1m^3/s에서 진행하였으며 그림 3.6.8에는 추세선으로 표현한 예측값이 성능측정값과 비교되어 나타나 있다. 0.6m^3/s에서 압력상대오차는 0.46%, 1.1 m^3/s에서 압력 상대오차는 1.74%로 2%이내에서 예측됨을 알 수가 있다. 그러나 0.1m^3/s 구간에서는 오차가 크게 발생하는데 이는 Axial fan의 스톨 구간으로 LES 해석으로도 예측이 어려운 구간이다. 그림 3.6.9(a)와 (b)는 각각 유량 1.1m^3/s 해석조건에서 전체 도메인 내 속도 분포와 압력변동의 분포이고 그림 3.6.9(c)는 난류 구조 해석시 사용하는 Jeong 등에 의해 제안된 Q값의 분포이다.

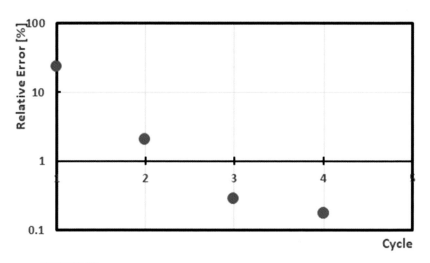

그림 3.6.7 Cycle 별로 비교한 상대오차의 크기(5번째 회전사이클 기준)

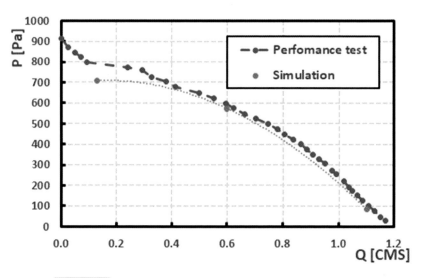

그림 3.6.8 LES 해석 예측값과 AMCA 챔버 측정 성능값의 비교

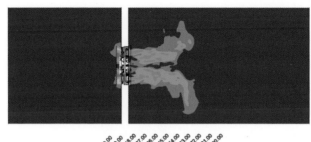

(a) 속도 분포

(b) 홴출구 섭동압력 분포

(c) Q-criterion의 분포

그림 3.6.9 풍량 1.1m³/s 해석조건의 LES 해석 결과[16]

참고문헌

1) J.H. Ferziger, M. Perić, R.L. Street, Computational Methods for Fluid Dynamics, 2020, Springer

2) 최윤기, 강신유, 김종일, "블레이드 실험 및 구조해석을 통한 소형풍력 발전기 블레이드 구조 안정성 평가와 블레이드 설계 개선," 2018, 한국정밀공학회지 제35권 제9호 pp. 893-899

3) G.N. Hou, J. Wang, A. Layton, "Numerical Methods for Fluid-Structure Interaction-A Review," 2012, Commun. Comput. Phys., 12, pp. 337-377

4) A.J. Favre, "Turbulence: Space-time Statistical Properties and Behavior in Supersonic Flows," 1983, Phys. Fluids 26, pp. 2851-2863

5) M.J. Lighthill, "On Sound Generated Aerodynamically. II. Turbulence as a Source of Sound," 1954, Proc. R. Soc. Lond. A 222, pp. 1-32

6) J.E. Ffowcs Williams, D.L. Hawkings, "Sound Generation by Turbulence and Surfaces in Arbitrary Motion," 1969, Philosophical Transactions of the Royal Society A, 264, 321-342

7) F Farassat, "Theory of Noise Generation from Moving Bodies with an Application to Helicopter Rotors." 1981, AIAA journal 19 (9), 1122-1130

8) A.N. Kolmogorov, "The Local Structure of Turbulence in Incompressible Viscous Fluid for Very Large Reynolds Numbers," 1941, Doklady Akademii Nauk SSSR, 30, pp. 301-304 (Translated in English)

9) A. Leonard, "Energy Cascade in Large-Eddy Simulations of Turbulent Fluid Flows," 1974, Advances in Geophysics A, 18, pp. 237-248

10) S. Lee, W.C. Meecham, "Computation of Noise from Homogen-

eous Turbulence and from a Free Jet," 1996, International Journal of Acoustics and Vibration, Vol. 1, No. 1, pp 35-47

11) S.J. Kline, W.C. Reynolds, F.A. Schraub, P.W. Runstadler, "The Structure of Turbulent Boundary Layers," 1967. Journal of Fluid Mechanics, Volume 30, Issue 4, pp. 741-773

12) J. Smagorinsky, "General Circulation Experiments with the Primitive Equation I the Basic Experiment," 1963. Monthly Weather Review, 91, 99-164

13) J. Bardina, 1983, Improved Turbulence Models Based on Large Eddy Simulation of Homogeneous, Incompressible, Turbulent Flows, Stanford University Dissertations & Theses

14) S. Lee, 1992, "Subgrid-Scale Modeling in Large-Eddy Simulation and Its Application to Aerosound," UCLA Dissertations & Theses

15) M. Germano, U. Piomelli, P. Moin, W.H. Cabot, "A Dynamic Subgrid-scale Eddy Viscosity Model," Physics of Fluids A, 3(7), pp. 1760-1765

16) 유호준, 2024, 유인드론용 인공지능설계 프로펠러의 공력 및 소음 특성 분석, 인하대학교 석사학위논문

다중물리 해석 사례

Part.IV에 들어가기 전...

본 장은 ANSYS 社의 해석 모듈을 기준으로 작성되었다. 지멘스 社의 STAR-CCM+, SIMCENTER 3D, SIMULIA 社의 Abaqus 등등 상용 CAE 프로그램은 많으나 전 세계적으로 유저층이 두텁고, 학생용 버전을 따로 제공해주기 때문에 학생들의 진입장벽이 낮으므로 ANSYS 社의 모듈을 채택하여 내용을 구성하게 되었다. 학생용 버전과 상용 버전의 차이는 대표적으로 사용할 수 있는 모듈이 한정되어 있으며, 해석 시스템 모델링 구성 시 중요한 격자 생성 개수의 제한이 있다는 것과 해석 수행 시 사용할 수 있는 CPU의 코어 개수가 제한되어 있다는 점이다.

해당 장에서는 3D 모델을 만든 방법에 대해서는 생략한다. 3D 모델은 해당 수업의 조교를 통해서 전달받아 수행해야 한다. 3D 모델은 3D 모델링 소프트웨어로 구성하여 ANSYS로 불러올 수 있다. 그러나 전송 후 모델에 Import 오류가 생길 수 있고, 모델의 정의가 다르게 변경 될 수 있는 등의 문제점이 있어서 Import 후에 ANSYS에 구성되어 있는 모듈인 Spaceclaim, DesignModeller, Discovery 등등의 모듈로 CAD 수정을 하는 것을 권장한다. 수정을 하지 않는 경우, 격자 생성과정에서 수많은 오류와 실패를 동반하기 때문에 권장이 아닌 필수적인 과정이다.

양방향 2-way FSI 해석

1.1 실습 기초 이론

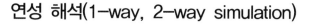

연성 해석(1-way, 2-way simulation)

다중 물리를 해석하기 위해서는 Part.A의 1장에서 소개한 것과 유체-구조 연성(Fluid-Structure Interaction), 열-구조 연성(Thermo-Mechanical Coupling) 등등 해석이 필요하다. 연성 해석을 간단하게 그림으로 표현한다면 그림 4.1.1과 같다.

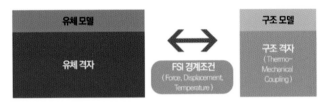

그림 4.1.1 연성 해석 모델

그림 4.1.1은 열-구조 연성(Thermo-Mechanical Coupling)의 표현한 것이다. 동일한 기하학적 모델에서 유체모델과 구조모델을 따로 구성하지 않고 경계조건을 설정하고 계산된 결과 값을 공유하는 형식으로 계산을 수행하게 된다. 이때, 유체 또는 구조모델의 해석 계산결과를 한쪽으로 공유하여 계산을 수행하는 과정을 단방향 연성해석(1-way)라고 하며, 한 쪽에서 계산된 결과 값을 토대로 계산을 수행한 후 나온 결과 값을 먼저 수행한 모델로 다시 공유하여 계산을 실시하는 방식을 양방향 연성해석이라고 한다. 단방향 연성해석 방식의 경우에는 양방향 연성해석 방식보다 해석에 들어가는 자원이 적고 계산 결과의 정확도를 동시에 확보할 수 있는 장점이 있으나, 양방향 연성해석에 비해 정확도는 떨어진다. 그러나 양방향 연성해석의 경우, 매우 많은 자원을 소모하기 때문에 복잡한 모델의 경우, 모델 단순화를 선행한 후에 해석 모델링을 실시 할 것을 권장한다. 예를 들어, 단방향 연성해석의 해석 수행 시간이 약 8시간이 소모되었다면 양방향 연성해석은 적어도 13시간 이상 소모된다고 해도 과언이 아닌 만큼 요구되는 정확도에 따라 신중히 고려해야 한다.

해석 모델 요약

Part IV, 1장에서는 굽혀진 파이프에 유체를 흘려 유동과 구조에 대한 해석을 실시하는 예제이다. 이번 장에서 배울 내용은 다음과 같다.

- 유체 - 구조 연성해석의 수행 과정
- UDF(User Define Function)의 사용
- Ansys 해석 수행과정
- 결과 정리 과정(Post-process) – CFD-Post 이용

ANSYS 모듈 소개

ANSYS는 각 모듈의 단독 수행도 가능하지만 Workbench라는 모듈을 통해 통합으로 관리하는 시스템 구조를 가지고 있다. 그림 4.1.2은 ANSYS 모듈을 나타내는 그림이다. Part.D 1장에서는 Transient Structural 과 Fluid Flow(Fluent)를 사용하여 해석을 수행한다. Transient Structural 는 구조해석의 모듈의 한 종류이며 정적인 상태보다는 동적인 상태를 수행하는 것에 적합한 모듈이다. Fluent는 유동해석을 수행하는 모듈의 한 종류이며, ANSYS 社의 유동 해석 모듈 중에 가장 많이 사용되고 있는 모듈 중 하나이다.

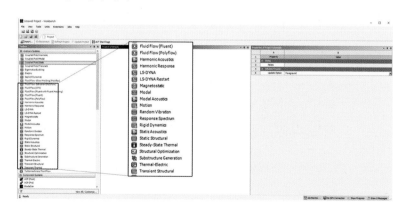

그림 4.1.2 ANSYS 모듈

해석 모델

굽혀진 파이프에 물을 흘려서 파이프에서 발생하는 응력과 유량을 흐름을 계산하고 후처리 모듈(CFD-Post)을 사용하여 결과 값을 정리하는 것이 목표이다. 해석 모델의 그림은 그림 4.1.3과 같다.

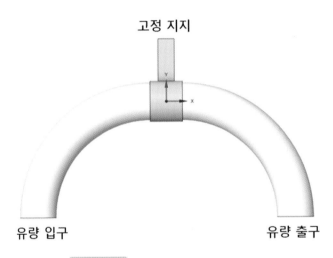

그림 4.1.3 Part IV 1장의 해석 3D 모델

수행과정

Transient Structural의 구성은 그림 4.1.4와 같다. 구조해석에 사용되는 모듈이기 때문에 물질의 물성치를 관리하는 도구인 Engineering Data가 있는 것을 확인할 수 있다.

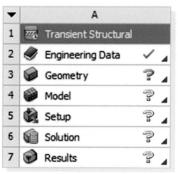

그림 4.1.4 Transient Structural 모듈의 수행 구조

그리고 해석 모델을 구성하기 위한 3D 모델을 관리하는 도구인 Geometry, 격자 생성 및 경계 조건을 정의할 수 있는 Model, 계산 방법(수치해석적 방법)을 설정 할 수 있는 Setup, 계산 수행 방식(병렬 계산, 단독 계산 등등)을 설정하는 Solution, 계산된 결과 값을 정리할 수 있는 도구인 Results로 구성되어 있다. 수행과정은 그림 1.4에 매겨진 번호 순으로 순차적으로 진행하면 된다.

그림 4.1.5는 Engineering Data 도구에 들어간 화면이다. 해당 도구에서는 앞서 말한 것과 같이 구조 해석에 사용되는 재료의 물성치를 찾아 삽입할 수 있고 임의 재료 물성치를 추가적으로 구성하여 사용할 수 있다. 그림 1.5(A)에서는 ANSYS에서 제공하는 일반적인 재료의 물성치를 찾아 넣을 수 있다.

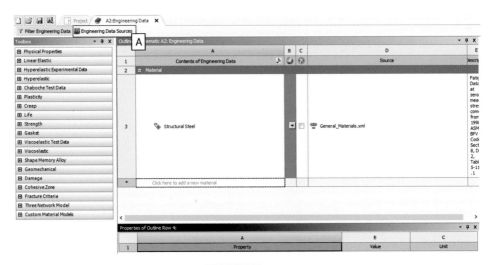

그림 4.1.5 Engineering Data

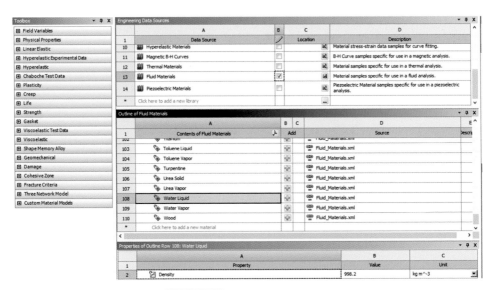

그림 4.1.6 Engineering Data - Water Liquid

그림 4.1.6은 해석에 사용될 물의 물성치를 추가하는 그림이다. 상단의 Data Source를 통해 원하는 종류의 재료를 찾은 후 해당되는 상태의 물성치를 찾아 +를 버튼을 눌러 추가를 하면 된다.

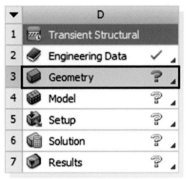

그림 4.1.7 3D CAD 삽입

그림 4.1.7에서 제공받은 3D CAD파일을 Import 해야 한다. 3번 Geometry 탭에서 오른쪽 마우스 클릭을 통해 Import 메뉴를 확인할 수 있고 해당 파일(pipe.scdoc)를 삽입하면 된다. 해당 과정을 진행한 후에 4번 Model을 오른쪽 마우스 클릭하면 Edit 탭이 보이며, 실행을 하면 격자 생성 및 해석 모델을 정의할 수 있는 단계에 들어가게 된다. 그림 4.1.8은 격자 생성 및 해석 모델을 정의하는 화면을 나타낸 것이다.

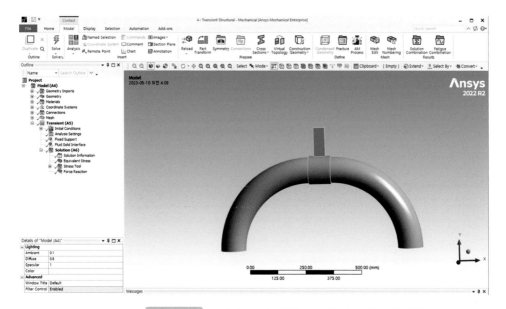

그림 4.1.8 격자 생성 및 해석 모델 정의 도구 실행 화면

그림 4.1.9에서 우리는 왼쪽 아웃 트리에서 불러드린 3D CAD모델을 확인 할 수 있다. Geometry 하단에 Material에서는 앞서 Engineering Data에서 설정한 재료들의 물성치 데이터도 함께 불러진 것을 확인 할 수 있다. 해당 모듈에서는 구조 해석만 수행하게 되므로, 3D CAD 부분에서 물이 지나가는 Fluid Domain은 배제(Suppress body)를 하여야 한다. 격자 생성은 하단의 Mesh 트리에서 오른쪽 클릭 후 생성을 하게 되면 자동으로 감지하여 적절한 격자 생성을 진행해준다. 그러나 3D CAD의 복잡한 모형 또는 모형 오류로 인해 자동생성도 실패하는 경우가 많다. 해당 3D CAD 모형은 단순한 모형이기 때문에 실패할 일 이 거의 없으나 우리가 해석하고자 하는 목표에 따라 적절한 격자 생성 기법을 넣어 생성하도록 하자.

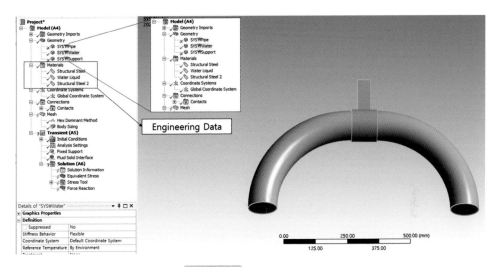

그림 4.1.9 3D CAD 파일 구성 및 확인

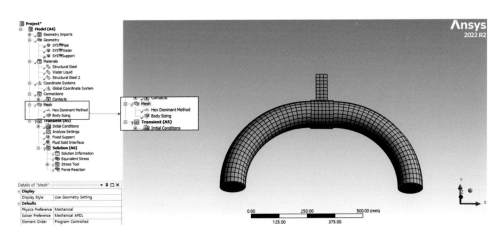

그림 4.1.10 격자 생성 및 격자 생성 방법 정의

그림 4.1.10은 격자 생성트리에서 격자 생성 방법을 정의하고 생성된 격자를 보여주는 그림이다. Hex Dominant Method는 격자 모형을 정의하는 것이고 Body Sizing은 바디로 정의된 지오메트리의 격자 크기를 조절하는 것이다. 그림 4.1.11은 해당 정의에 값을 나타낸다. Hex Dominant Method에 정의된 Geometry는 지지대 부분이고, Body Sizing에 정의된 Geometry는 지지대와 파이프 부분이다.

Details of "Hex Dominant Method" - Method ▾ ♯ □ ✕	
⊟ **Scope**	
Scoping Method	Geometry Selection
Geometry	1 Body
⊟ **Definition**	
Suppressed	No
Method	Hex Dominant
Element Order	Use Global Setting
Free Face Mesh Type	Quad/Tri
Control Messages	Yes, Click To Display...

Details of "Body Sizing" - Sizing ▾ ♯ □ ✕	
⊟ **Scope**	
Scoping Method	Geometry Selection
Geometry	2 Bodies
⊟ **Definition**	
Suppressed	No
Type	Element Size
☐ Element Size	18.0 mm
⊟ **Advanced**	
☐ Defeature Size	Default
Behavior	Soft

그림 4.1.11 Body Sizing & Hex Dominant Method 정의

그림 4.1.12는 Analysis Setting 값을 나타내는 그림이다. 총 20초 동안의 변화를 계산하게 되면 시간은 1초당 끊어서 계산하게 설정되어 있다.

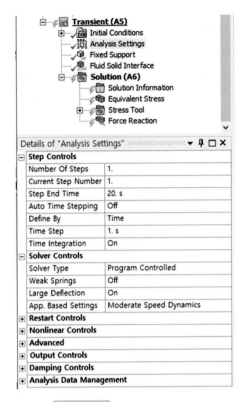

그림 4.1.12 Analysis Settings

그림 4.1.13은 Fixed Support의 정의를 보여주는 그림이다. 해당 정의가 설정된 부분은 지지대 상단에 보라색으로 표시된 부분이며, 면을 선택하는 도구로 지정하여 설정하면 된다.

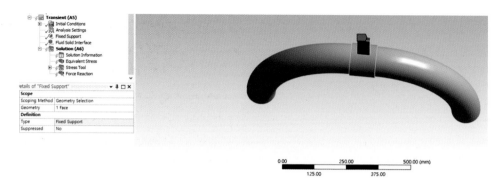

그림 4.1.13 Fixed Support

그림 4.1.14는 연성해석에서 꼭 수행하여야 될 부분이다. 유체 고체 간의 인터페이스 구간을 설정함으로서 데이터를 공유할 조건을 정의하는 과정이다. 해당 해석 모델에서는 관 내부 물의 유동이 주요 핵심이므로 관 내부 면을 설정하여 정의한다.

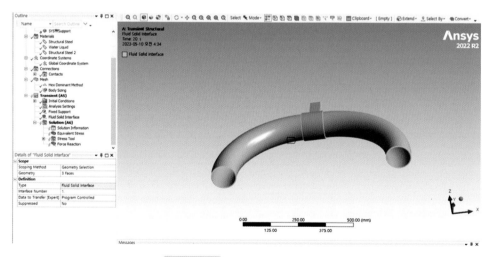

그림 4.1.14 Fluid Solid Interface

해당 과정이 끝나게 되면 그림 4.1.14 왼쪽 하단에 있는 Solutions를 오른쪽 클릭하여 보고 싶은 결과 항목을 정의하면 된다. 해당 모델에서 Equivalent Stress, Safety Factor, Force Reaction의 항목을 정의하여 해석을 수행한다. 해당 항목을 설정한 후에 Solution을 오른쪽 클릭하여 Solve를 진행하게 되면 앞서 정의한 경계조건을 기반으로 계산을 진행하게 된다. 그림 4.1.15는 해석 수행 결과 값(Equivalent Stress)을 나타낸 것이다. 고정 지지대 부분에서 응력이 발생한 것으로 확인이 되며, 왼쪽 하단의 Animation에서 재생을 하게 되면 초당 응력의 변화를 관찰할 수 있다. 또한 오른쪽 하단에는 응력의 최소/최대값과 평균을 시간 스텝에 따라 나타내고 있다.

그림 4.1.15 해석 수행결과(Equivalent Stress)

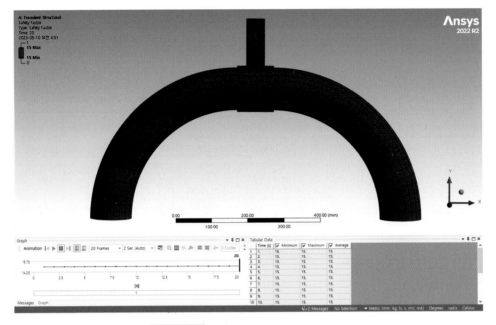

그림 4.1.16 해석 수행결과(Safety factor)

그림 4.1.16은 해석 결과 중 Safety factor를 나타낸 것이다. 안전율을 예를 들면, 자동차의 한 부품이 파괴되는 파단 응력을 a라고 하고 자동차가 가장 위험한 상태에 처할 때 이 부품에 작용하는 응력을 b라고 가정하였을 경우에는 a/b라는 Safety factor로 설계되어 있다고 할 수 있다. 일반적인 상황에서 Safety factor은 1보다 클 때 구조물이 안전한 상황이라고 할 수 있으며, 1보다 작을 경우에는 위험한 상황임을 나타낸다. 그림 4.1.16에서는 Safety factor가 15가 나오기 때문에 매우 안전한 상태라고 판단 할 수 있다. Safety factor를 정확하게 구하기 위해서는 구조물을 구성하는 재료의 물성치를 명확하게 정의할 수 있어야 한다. 재료의 물성치는 가공 과정(단조, 압연, 퀸칭 등등)을 통해 정

확하게 측정할 수 있는 값이 아니므로 측정(인장 시험) 또는 문헌 값의 평균을 내는 방법으로 적용해야 한다. 그림 4.1.17은 힘의 방향을 나타내는 결과이다. Equivalent Stress와 같이 재생을 통해 시간 단계마다 변화하는 것을 확인할 수 있다.

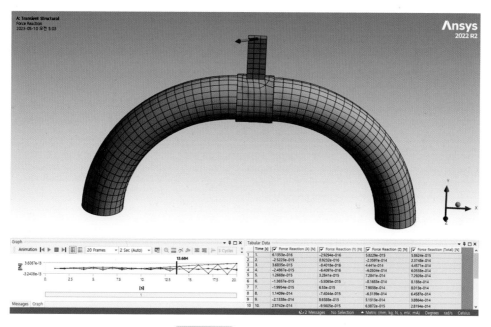

그림 4.1.17 Force Reaction

그림 4.1.17까지 앞서 정의한 Transient Structural 모듈의 수행 과정이다. 저장 후 Workbench에서 유동해석하기 위한 모듈을 드래그하여 그림 4.1.18과 같이 정의한다. 3D CAD는 Transient Structural에서 정의를 하였기 때문에 별도로 작업하지 않고 불러올 수 있다. 그리고 System Coupling 모듈을 생성하여 Transient Structural의 해석결과

값과 유동해석의 결과 값이 합쳐질 수 있도록 정의하면 양방향 해석을 위한 준비는 끝나게 된다. 여기서 우리는 아직 유동해석을 수행하지 않았으므로 그림 4.1.18과 같이 설정한 후에 Fluid Flow를 해석할 수 있는 격자 생성을 실시해야 한다. 그 이유는 구조 해석에서 사용된 격자는 Fluid flow에서 필요없는 영역이기 때문에 물이 지나가는 Fluid domain만 격자 생성을 하여 모델 정의를 진행하면 된다.

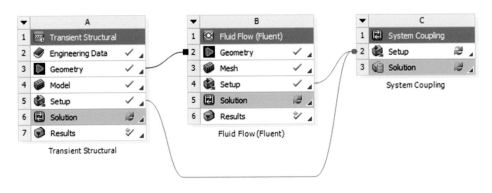

그림 4.1.18 해석 모듈간의 정보 공유 흐름

그림 4.1.18과 같이 Transient Structural에서 Geometry를 Fluid Flow에 적용한 후에 Mesh 탭을 실행하게 되면 그림 4.1.19와 같이 실행된다.

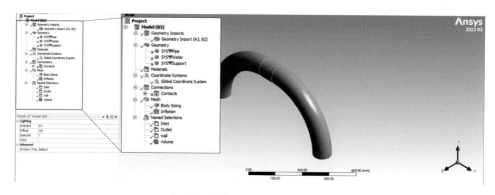

그림 4.1.19 Mesh 실행 후 화면

　Geometry 트리에서 앞선 과정과 반대로 지지대와 파이프 부분을 배제한 후에 격자 생성을 실시하여야 한다. 파이프의 형상 특성상 관 내부 유동에서는 경계층에 대해서 유의하여 격자를 생성하여야 한다. Mesh 트리에서 Body sizing은 선택된 Body의 격자 크기를 정의하는 것이고, Inflation은 일정한 비율로 경계층을 구분지어 격자 생성할 수 있게 도와주는 격자 생성 방법이다. 그림 4.1.20은 Mesh를 생성할 방법에 대해서 정의한 설정 값을 나타내는 그림이다. Body sizing에서 정의한 Geometry는 Fluid domain 전체이며, Inflation에서 정의한 Geometry는 입구 단면을 선택하여 설정한 것이다. Inflation 옵션에서 Maximum Layers를 통해 층의 개수를 지정할 수 있으며, 나머지 옵션은 모델에 따라 설정하여 진행하면 된다. 해당 모델에서는 그림 4.1.20과 같이 정의하도록 하자.

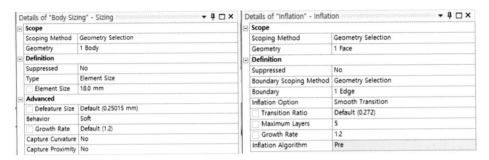

Details of "Body Sizing" - Sizing	▾ ⊶ □ ✕
Scope	
Scoping Method	Geometry Selection
Geometry	1 Body
Definition	
Suppressed	No
Type	Element Size
☐ Element Size	18.0 mm
Advanced	
☐ Defeature Size	Default (0.25015 mm)
Behavior	Soft
☐ Growth Rate	Default (1.2)
Capture Curvature	No
Capture Proximity	No

Details of "Inflation" - Inflation	▾ ⊶ □ ✕
Scope	
Scoping Method	Geometry Selection
Geometry	1 Face
Definition	
Suppressed	No
Boundary Scoping Method	Geometry Selection
Boundary	1 Edge
Inflation Option	Smooth Transition
☐ Transition Ratio	Default (0.272)
☐ Maximum Layers	5
☐ Growth Rate	1.2
Inflation Algorithm	Pre

그림 4.1.20 Body Sizing & Inflation

격자 생성 후 각 구역에 명칭을 생성하여야 한다. 그림 4.1.21과 같이 면을 선택한 후에 오른쪽 클릭을 하여 구역(Crate Named Selection)을 생성하여야 한다.

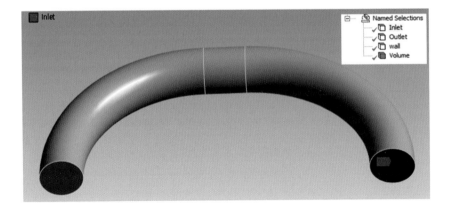

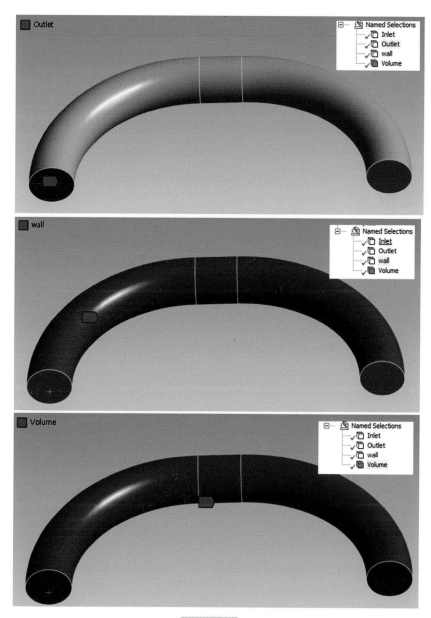

그림 4.1.21 구역 이름 지정

그림 4.1.21의 과정까지는 Fluid flow 해석을 위한 격자 생성 과정이다. 저장한 후 Workbench에서 Setup을 실행하면 생성한 격자를 토대로 경계조건을 정의하여 해석을 수행할 수 있게 된다.

그림 4.1.22는 Setup을 실행한 그림이다. 오른쪽에는 격자 생성하여 불러드린 Geometry를 확인할 수 있다. 왼쪽 트리에서는 경계조건을 설정하는 데에 필요한 옵션들이 있는 것을 확인할 수 있다. Fluid Flow(이하 Fluent)에서 실행하였을 때에 제일 먼저 확인해야 할 부분은 격자가 정상적으로 수행 가능한 상태인지 확인하는 것이다. 해당과정을 확인하기 위해서는 General 탭에서 Mesh Check 버튼을 누르면 격자 확인 작업이 실행된다. 정상적으로 생성이 되었다면 여러 정보와 함께 done.이라는 메시지가 출력되고 오류가 있다면 오류메세지가 출력된다. 만약 오류 메시지가 출력된다면 다시 격자 생성하는 도구를 실행하여 격자 생성을 다시 수행하여야 한다.

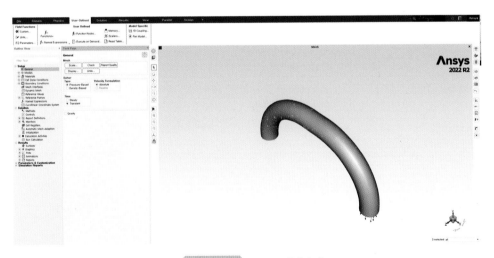

그림 4.1.22 Setup 실행화면

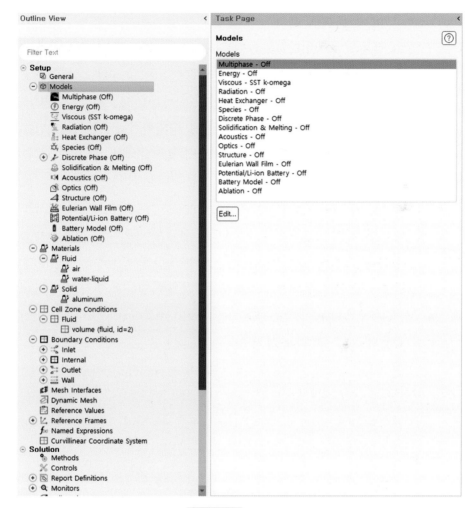

그림 4.1.23 설정 화면

그림 4.1.22는 설정을 위한 트리를 나타낸 그림이다. 왼쪽 Outline View에 표시된 트리 순서대로 설정을 진행하는 것이 일반적이다. Model에서는 수학적 모델을 설정하는 부분이며, 해당 모델에서는

Viscous 모델(SST k-omega)만 설정하여 해석을 수행한다. 해석 모델의 선정 방법은 일반적으로 참고문헌을 통해 유사한 사례를 찾아 적용하는 것을 권장한다. 해석 목표에 따라 선정되는 수학적 모델이 중요하다. Fluent에서는 유동과 관련된 수학적 모델을 제공하고 있으며, 목적에 따라 설정하여 해석을 수행하면 된다. 수학적 모델을 설정한 후 우리는 해석에 사용되는 재료에 대한 물성치에 대해서 설정해야 한다. 해당 해석 모델은 물의 유동에 따른 영향을 파악하는 것이 목적이므로 물에 대한 물성치를 설정하여 수행하여야 한다. 재료에 대한 물성치를 설정한 후에 이전 단계에서 생성한 구역을 기준으로 경계조건(B.C)을 설정하여야 한다. 이전 격자 생성 단계에서 Create Named Selection을 통해 정한 구역이 자동적으로 적용되어 불러와진다. 만약 지정한 구역이 Inlet, Outlet, Wall 등으로 설정하여 저장하지 않았다면 자동으로 적용되지 않으므로 유의하여야 한다.

그림 4.1.23은 Inlet 조건을 설정하는 창이다. Inlet은 일반적으로 Pressure 또는 Velocity로 설정하는 것이 일반적이다. 그러나 해당 장에서는 UDF(User Define Function)을 사용하여 정의하였다. UDF는 사용자정의함수로써 C언어를 사용해 일정한 값이 아닌 변화하는 값을 설정하기 위해서 사용되는 것이 일반적이다. 해장 장에서는 시간에 따른 Velocity의 변화를 구현하기 위해서 UDF를 컴파일해서 적용시켰다. UDF의 언어는 일반적으로 C 언어가 사용되며, UDF를 작성하기 위해서는 VSCODE 또는 Notepad++와 같은 프로그램을 사용하는 것을 권장한다. 많은 프로그램들이 있지만 VSCODE 및 Notepad++에서 제공하는 도구들이 유저 친화적이기 때문에 추천한다.

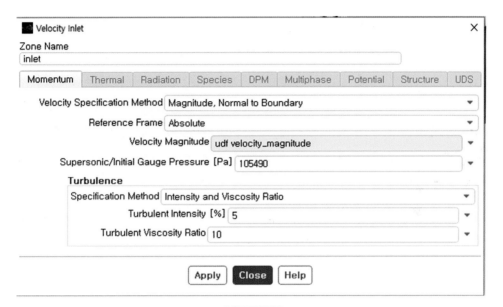

그림 4.1.24 Inlet 설정창

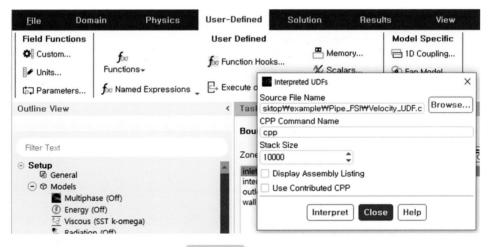

그림 4.1.25 UDF 설정창

그림 4.1.24는 UDF를 적용하기 위한 설정창을 나타낸 것이다. Source File에 제공된 파일을 넣어 설정하면 그림 4.1.23에서 불러올 수 있게 된다. 그림 4.1.25는 Outlet 조건을 나타낸 것이다.

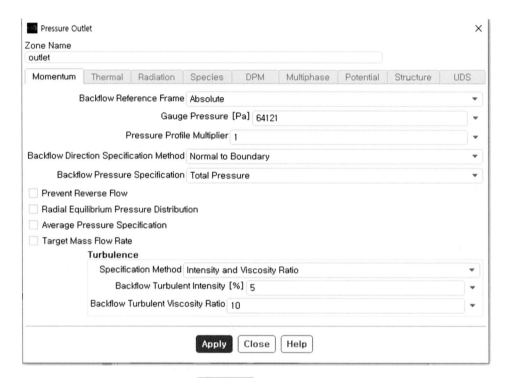

그림 4.1.26 Outlet 설정

경계조건 설정을 마무리한 후 우리는 Initialization을 진행하여야 한다. 특별한 경우가 아닌 상황에서는 일반적으로는 Hybrid Initialization을 사용하여 진행한다. Standard Initialization의 경우에는 필드 속성을 상수 값으로 채워서 진행하지만, Hybrid Initialization은 단순한 방정식을 여러 번 반복 계산하여 진행하는 형태이기 때문에 압력이 중요한 Parameter가 아닌 경우에는 Standard 방식은 자주 사용되지 않는다. 그림 4.1.26은 계산 횟수, 반복 횟수, 시간 간격 등등을 설정하는 창을 나타낸 것이다. 그림 4.1.26과 같이 설정한 후 Workbench로 돌아간다.

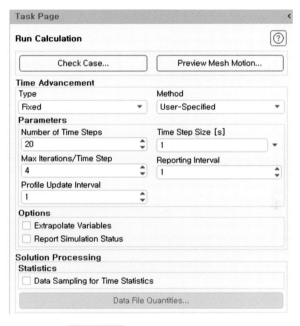

그림 4.1.27 Run Calculation 설정

그림 4.1.18에서 각 모듈에서 설정된 Setup 탭을 오른쪽 클릭한 후 Update를 실행하면 자동적으로 해당 정보가 System Coupling 모듈로 전송된다. System Coupling Setup을 실행 한 후 그림 4.1.27과 같이 설정한다. 해당 설정 값은 앞서 설정한 구조 해석 결과와 동일하게 설

정해야 한다. 두 모듈간의 결합을 위해서 Regions의 Fluid Solid Interface와 wall을 Ctrl 누른 상태에서 선택하고 오른쪽 클릭하여 데이터 결합을 진행한다. 해당 설정을 마친 후 왼쪽 상단의 Update를 누르면 시스템이 결합하여 정보를 주고 받는 양방향 해석이 실행된다.

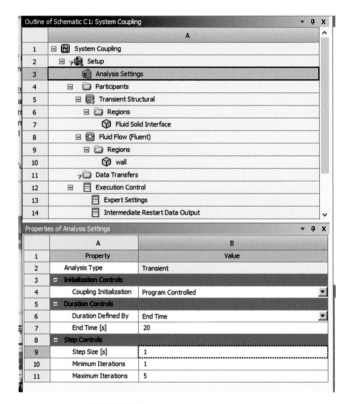

그림 4.1.28 System Coupling 설정창

그림 4.1.28은 양방향 연성해석이 끝난 후 화면이다. 연성해석이 끝난 후 결과 값은 각 모듈의 후처리 프로그램을 통하여 확인하면 된다.

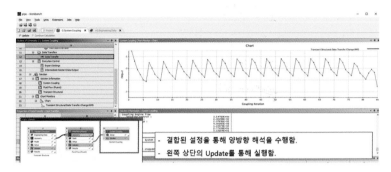

- 결합된 설정을 통해 양방향 해석을 수행함.
- 왼쪽 상단의 Update를 통해 실행함.

그림 4.1.29 연성해석 종료 후 모습

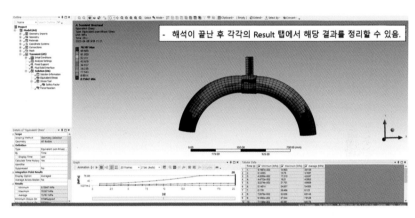

- 해석이 끝난 후 각각의 Result 탭에서 해당 결과를 정리할 수 있음.

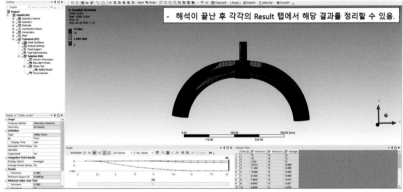

- 해석이 끝난 후 각각의 Result 탭에서 해당 결과를 정리할 수 있음.

그림 4.1.30 Transient Structural 해석 결과(연성해석 결과)

그림 4.1.29는 연성해석 후 결과 값을 간단하게 나타낸 그림이다. 그림 1.15, 16, 17과 비교해도 확연히 다른 값을 보여준다. 유동과 상호작용을 반영하여 해석한 결과이기 때문에 구조해석 단독으로 계산한 결과보다 더 높은 신뢰도를 가질 수 있다.

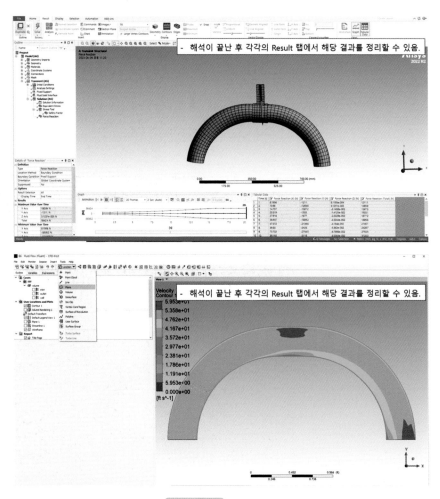

그림 4.1.31 속도 분포

또한 Safety Factor를 비교하였을 때, 그림 4.1.16에서는 값이 일정하게 나왔으나 그림 4.1.29에서 나온 Safety Factor 값은 범위를 나눌 수 있을 정도로 위치에 따라 다른 값을 보여 준다.

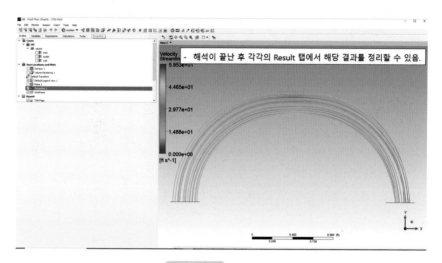

그림 4.1.32 유선 분포

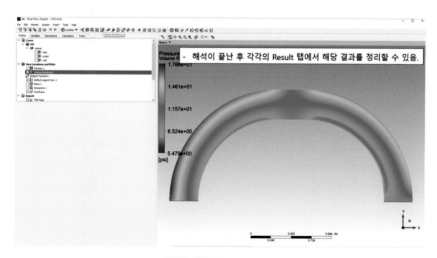

그림 4.1.33 압력 분포

그림 4.1.30, 그림 4.1.31, 그림 4.1.32는 연성해석 수행 후 나온 결과를 나타낸 것이다. 그림 4.1.30은 속도 분포를 Contour하여 나타낸 것이다. 그림 4.1.31은 속도를 유선으로 표현하여 나타낸 것이다. 또한 그림 4.1.32는 관 내 압력을 나타낸 것이다. 해당 장에서는 구조와 유동 해석을 결합하여 계산을 수행하는 연성해석을 간단히 소개하였다. 결과를 정리하는 Post-Process 과정은 다른 장의 실습 예제와 함께 상세히 다루도록 하겠다.

임펠러 모드 해석

2.1 모드 해석(Modal analysis)

모드 해석이란 구조물이 갖고 있는 고유진동수(natural frequency)와 그 진동수에서 떨림의 형상(mode shape)을 파악하여 구조물의 공진 여부를 분석, 예측하는 해석이다. 궁극적인 목표는 공진을 피하기 위해서 확인하는 해석이라고 생각하면 쉽다. 구조물에 공진이 발생하면 진동이 급격하게 커져서 구조물의 내구성에 많은 영향을 미칠 수 있기 때문에 제품개발과정에서 꼭 필요한 해석이라고 할 수 있다. 고유모드란 물체가 주어진 구속상태에서 자유로이 변형될 수 있는 형상을 의미하고, 고유진동수란 이 고유모드가 단위 시간당 얼마나 빨리 반복되는가의 정도를 나타낸다. 예를 들어 시계추는 수직 축에 대해 일정한 각도로 좌우로 요동한다. 여기서 수직 축에 대해 일정한 각도로 기울어져 있는 시계 추의 형상이 고유모드에 해당되고, 1회 왕복하는데 걸리는 시간의 역수에 2π(약 6.14)를 곱한 값이 고유진동수가 된다. 참고로 1회 왕복하는데 걸리는 시간을 고유주기라고 부르고 이 고유주기의 역수를 고유주파수라고 부른다. 고유주기의 단위는 초(second)이며 고유주파수의 단위는 헤르쯔(Hz)이다. 고유진동수는 단위는 단위시간당 왕복한 각도이다. 시계추의 운동은 자유도(degree of freedom)가 한 개밖에 없기 때문에 고유모드와 고유진동수도 각각 하나밖에 존재하지 않는다. 다른 예로 한쪽 끝이 고정되어 있는 긴 나무판은 무한개의 고유모드와 고유진동수를 가진다. 왜냐하면 나무판이 변형될 수 있는 모양은 무한히 가능하기 때문이다.

고유진동수와 고유모드는 진동수가 낮은 값으로부터 높은 값으로 순차적으로 구분한다. 진동수가 낮은 값일수록 대응되는 고유모드의 형상은 단순하다. 낮은 고유진동수일수록 물체가 변형되기 쉬운 고유모드 형상을 의미하고 고유진동수가 높아질수록 고유모드는 변형하기 어려운 형상이 된다. 참고로 고유진동수와 고유모드의 개수는 자유도와 일치한다. 나무판의 경우, 나무판을 요소망(mesh)으로 분할하여 유한요소 해석(finite element analysis)을 수행하게 되면 고유진동수와 고유모드는 유한개로 줄어든다. 그 이유는 요소망으로 분할된 나무판의 변형 모양은 요소망이 가지는 자유도로 한정되기 때문이다. 그림 2.1은 모드에 대한 간략하게 설명한 그림이다. 구조물이 가진 자유도의 개수만큼 고유 진동수가 산정되며, 진동수가 낮은 순서대로 1차, 2차, 3차 모드로 표현된다. 또한 모드 해석의 n차수는 하중의 주파수를 기준으로 판단한다.

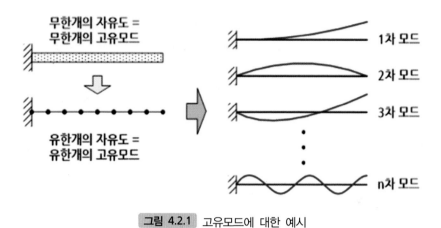

그림 4.2.1 고유모드에 대한 예시

해당 장은 임펠러의 임계 속도와 떨림의 형상을 찾는 과정에 대해서 소개 한다. 임펠러의 3D CAD 모형은 그림 4.2.2와 같다.

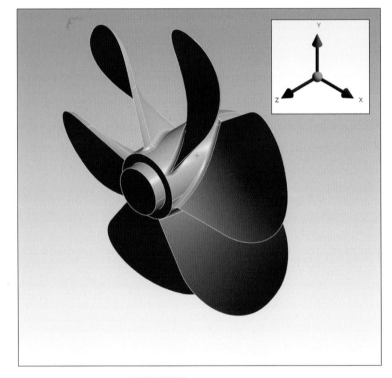

그림 4.2.2 임펠러 3D CAD

Workbench를 실행한 후 그림 4.2.3과 같이 Modal 모듈을 불러서 3D CAD를 Import한 후 Model을 실행시킨다.

그림 4.2.3 Modal 모듈

실행 후 그림 2.4와 같이 자동적으로 격자생성을 시켜주는 Generate mesh을 실행하여 격자 생성을 한다.

그림 4.2.4 자동 생성된 격자

그림 4.2.5와 같이 Analysis Settings를 클릭하여 Max Modes to Find를 6으로 변경한다. 최대 모드수는 여러 요인으로 결정되어야 하나 해당 예제에서는 6으로 진행하도록 한다. 왼쪽 Outline에서 Modal을 오른쪽 클릭하여 Remote Displacement를 Insert한다. 해당 설정에서는 그림 2.5에 표시한 영역을 기준으로 회전한다고 가정하고 옵션을 설정하였고 Z방향으로만 회전한다고 상황을 부여하였다.

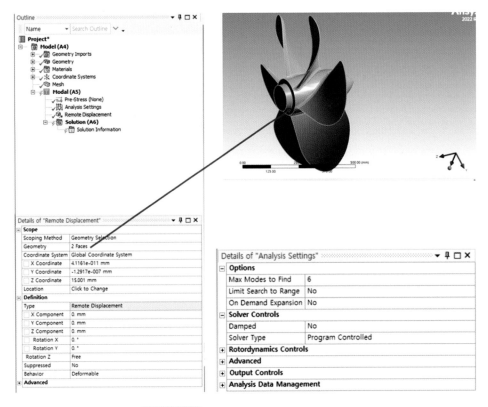

그림 4.2.5 Analysis Settings & Remote Displacement

해당 과정까지 진행한 후에 Solve를 눌러 해석을 수행한다. 해석을
수행한 후 오류가 없음을 확인하고 그림 4.2.6과 같이 Solution - Insert
- Total Deformation 6개를 생성한다. 6개를 생성하는 이유는 각각의
모드를 설정하여 값을 보기 위함이다.

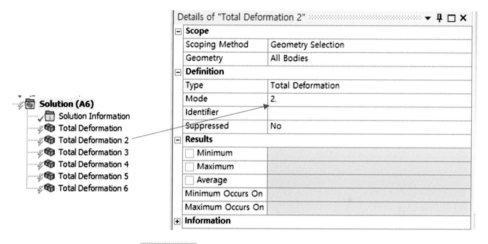

그림 4.2.6 모드해석을 위한 사전 준비단계

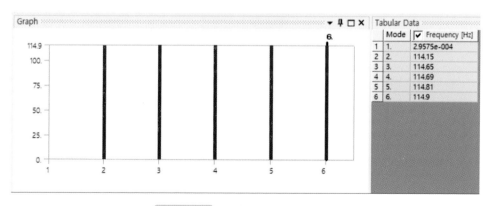

그림 4.2.7 고유진동수 그래프 및 표

또한 Total Deformation 각각 다른 모드를 설정하여 결과가 중복되지 않게 설정하여야 한다. 설정을 마친 후 다시 한번 Solve를 진행한다. 결과를 확인하면 그림 4.2.7 및 그림 4.2.8과 같은 결과를 확인할 수 있다. 결과 값을 통해 공진이 일어나는 주파수 영역대는 114Hz임을 확인할 수 있다. 또한 변형의 정도를 구분하였을 때, 그림 4.2.8에서는 1번 모드에서 변형이 심하게 일어난다고 판단 할 수 있으나, 각 모드마다 변형의 범위가 다르기 때문에 각각의 결과 값에서 최소/최대 값을 찾아야 한다. 해당 해석 결과에서는 2번 모드에서 최대 응력이 다른 모드보다 높게 계산되었다. 따라서 2번 모드의 주파수인 114.65Hz에서 변형이 심하게 일어난다는 것으로 생각할 수 있다.

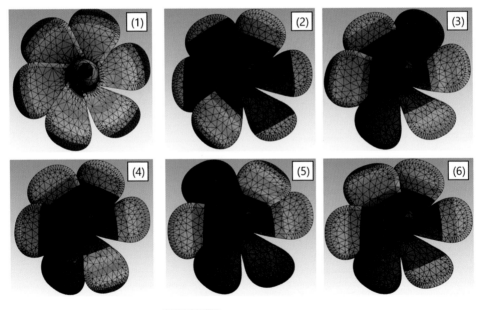

그림 4.2.8 모드해석 결과 정리

해당 장에서는 임펠러에 회전을 부하하여 모드해석을 하는 과정을 소개하였다. 모드의 차수는 구조물의 하중과 자유도, 주파수에 영향을 받으므로 해석을 수행할 경우, 비슷한 사례를 찾아 적용하거나 수학적 모델을 수기로 구성하여 확인한 후 해석을 수행하는 과정이 필요하다. 따라서 상용 소프트웨어를 이용하여 해석을 수행하더라도 수학적 모델에 대한 기본적인 지식이 있는 상태에서 해석을 수행해야 양질의 결과를 얻을 수 있다.

플렌지 커플링의 접촉응력 해석

3.1 해석 모델 및 실습

접촉은 변형과 관련되어 있다. 플렌지에 키를 설계하여 결합하는 형태의 3D CAD 모델이며, 접촉으로 발생하는 응력을 추정하여 설계의 반영할 수 있는 과정을 소개하고자 한다. 그림 4.3.1은 Ansys 모듈 중 Static Structural에 Geometry를 Import하여 불러온 그림이다.

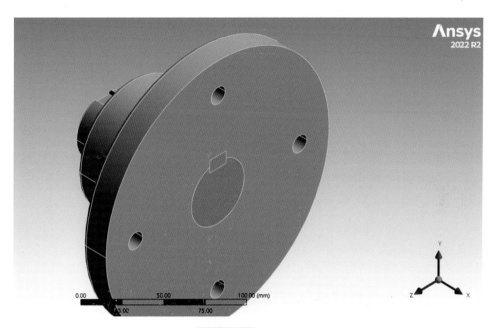

그림 4.3.1 플렌지 3D CAD 모델

CAD 모델은 총 플렌지, 샤프트, 키로 구성되어 있다. 재료는 강철로 정의하였고, 격자는 자동 격자 생성 옵션을 사용하여 생성하였다. 생성된 격자의 모습은 그림 4.3.2와 같다.

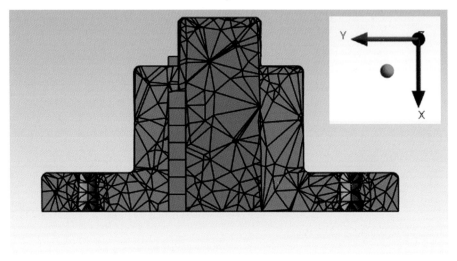

그림 4.3.2 생성된 격자의 모습

격자를 생성 후 경계 조건은 그림 4.3.3과 같이 활성화 하여 적용하였다.

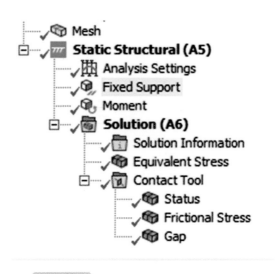

그림 4.3.3 접촉응력 해석을 위한 경계 조건

Fixed Support 조건은 그림 4.3.1에 나와 있는 볼트 구멍의 면을 기준(8면)으로 정하여 고정을 시켰고, Moment는 샤프트의 면(그림 4.3.2)을 기준으로 부여하여 조건을 활성화하였다. 또한 x축 방향으로 100 Nm (ramped)의 부하를 주었다.

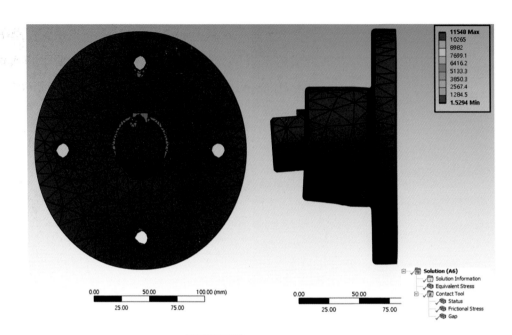

그림 4.3.4 Equivalent Stress

그림 4.3.4는 Equivalent Stress 값을 나타낸 그림이다. Section Plane 기능을 활용하여 그림 4.3.5와 같이 최대 응력의 위치를 찾을 수 있다.

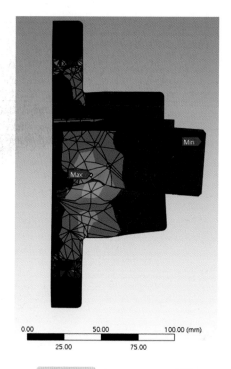

그림 4.3.5 Section plane 활용

접촉응력 해석은 마찰응력이 중요한 요소이다. 그림 4.3.6은 Frictional Stress의 결과 값을 나타낸 그림이다. 그림 4.3.5와 같이 최대 응력이 발생한 위치가 동일한 곳에서 마찰 응력 또한 최대 응력 값을 갖는 것을 확인할 수 있다.

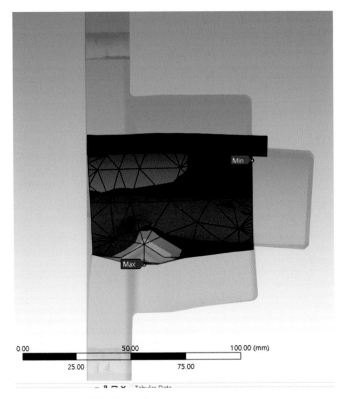

그림 4.3.6 Frictional Stress 위치

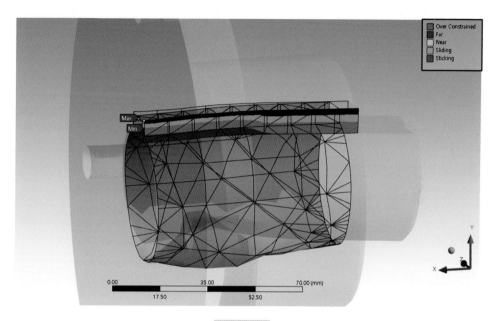

그림 4.3.7 Status 결과 값

그림 4.3.7은 접촉면의 상태를 보여주는 그림이다. 다양한 조건을 색깔로 구별할 수 있게 도와주며, 부하된 응력으로 인해 키와 샤프트의 일정 면이 딱 달라붙었다는 것을 확인할 수 있고, 샤프트와 플렌지 사이에서는 미끄러짐이 다수 발생한 것을 확인할 수 있다. 그림 4.3.8은 접촉면의 Gap을 확인한 결과이다. 변형으로 인해 y축 방향 기준으로 사이의 틈이 점점 커지는 것을 확인할 수 있고, -y축 방향으로는 사이의 틈이 적게 변형이 되는 것을 확인할 수 있다.

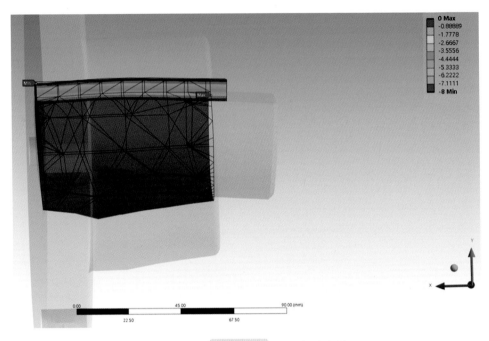

그림 4.3.8 Gap의 결과 값

해당 장에서는 구조물에 힘을 부하하여 변형을 일으킨 후 접촉면에서 발생하는 접촉응력에 대해서 결과를 확인하는 과정을 소개하였다. 최대/최소값을 찾기 위해 Section plane을 사용하였고, Section plane으로 활성화된 단면은 결과 값을 분석하는 데에 많은 도움을 주는 것을 확인하였다. 또한 Status, Gap의 해석 수행으로 인해 변형된 모습을 추정할 수 있는 과정을 학습할 수 있다.

대류 열전달 해석

4.1 해석 모델 및 실습

4000W/m³의 일정한 속도로 열을 발생시키는 열원이 있다고 가정하자. 이 열원 위로 공기가 흐른다면 공기의 흐름으로 인해 열원과 공기 사이에 대류열전달이 발생하게 된다. 이때 공기의 온도 상승을 분석하고 수직 방향의 평면을 생성하여 위치에 따른 온도 변화를 차트화 시키는 것이 해당 장의 목표이다. 그림 4.4.1은 해석에 사용되는 3D CAD 모델을 나타낸 그림이다.

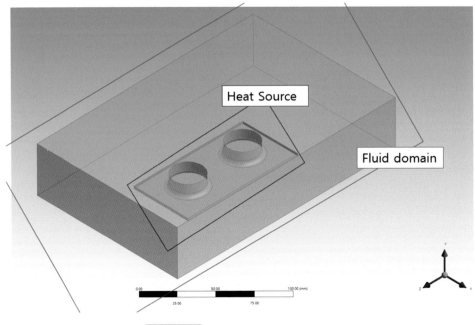

그림 4.4.1 해석 모델의 3D Geometry

　유동장(Fluid domain)안 에 열원이 존재하는 형태를 보여 준다. 해
당 과정은 Ansys 모듈 중 Fluid Flow(Fluent)를 사용하여 진행하게 된
다. Geometry는 3장과 같이 Import 한 후에 Mesh 탭을 실행하여 격
자 생성을 수행하면 된다. 그림 4.4.2는 Mesh를 실행한 후 자동 격자
생성 옵션을 활성화하여 생성한 격자를 나타낸 것이다. 기본적인 격자
생성 크기가 크기 때문에 3mm로 조정하여 생성을 하였다. 열원 주위
로 조밀하게 격자가 생성되었고, Fluid domain은 열원에 비해 넓게 격
자가 생성되었다. 이러한 격자 생성 결과는 나쁘지 않다고 평가할 수
있다. 열원 주위는 우리가 관심있게 봐야 할 부분이고 Fluid domain은
열원 주위에 비해 관심도가 떨어지기 때문에 나쁘지 않다고 볼 수 있

다. 또한 Fluid domain 영역도 격자가 조밀하게 생성이 되면 결과 값은 정확해지지만 계산 수행시간이 기하급수적으로 늘어날 수 있기 때문에 관심있게 봐야 하는 영역을 제외하고 조밀하게 격자가 생성되었다면 Sizing 방법을 사용하여 격자를 재생성 할 것을 권장한다.

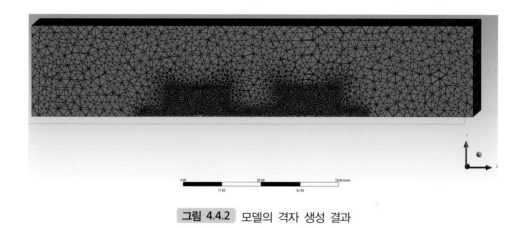

그림 4.4.2 모델의 격자 생성 결과

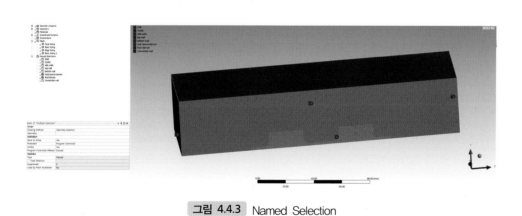

그림 4.4.3 Named Selection

그림 4.4.3은 격자 생성 후 영역에 이름을 정하여 나타낸 그림이다. 해당 작업은 격자를 생성 후 필수적으로 해야 하는 작업이다. Fluent에서 경계조건을 설정할 때에 이름을 명확하게 구분하지 않는다면 다른 조건에 잘못된 값을 설정하는 경우가 발생할 수 있다. 따라서 사용자가 쉽게 구분할 수 있는 이름으로 정리하여 지정하는 것이 옳다. 구역을 지정한 후에는 저장을 하고 Workbench에서 Setup을 실행하여 모델을 정의하는 단계로 넘어가야 한다.

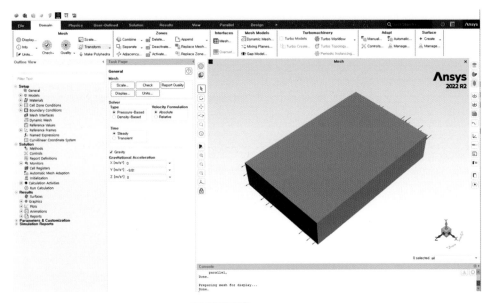

그림 4.4.4 Setup 실행화면(Fluent)

그림 4.4.4는 모델을 정의하고 계산을 수행할 수 있는 Fluent를 실행한 화면이다. Part.D 1장에서 진행한 것과 같이 Mesh check를 진행하고 격자 생성에 문제가 없는지 확인하여야 한다. 왼쪽 Outline view의 model 부분에서 Viscous - Laminar, Energy Equation을 활성하여야 한다. 다른 수학적 모델은 해당 해석모델에는 해당되는 모델이 아니므로 건너뛰도록 하자.

Materials 트리에서 유체의 설정을 확인해야 한다. 해당 모델은 공기를 유체로 사용하는 문제이다. Cell Zone Conditions와 Boudary Conditions는 앞서 격자 생성시 지정한 부분과 일치하는지 확인하는 작업이 필요하다. 문제가 없는 것을 확인한 뒤에 우리는 Boundary Conditions에서 경계조건을 입력해야 한다. 해당 모델의 Inlet 조건은 그림 4.4.5와 같다.

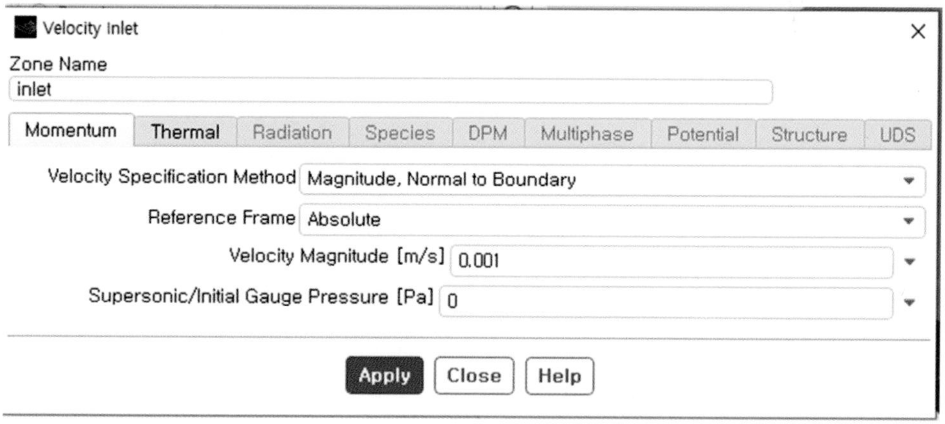

그림 4.4.5 Inlet 조건

그림 4.4.5에 나타낸 공기의 유속과 더불어 온도에 대한 조건도 설정해야 한다. 중간에 위치한 Thermal 탭에서 290 [K]이 입력되어 있는지 확인해야 한다. Outlet에서는 Flow Rate Weighting을 1로 설정한다. Inlet과 Outlet을 설정한 후에 그림 4.4.6과 같이 Type이 Wall로 지정된 조건들은 그림 4.4.6 오른쪽과 같이 via System Coupling을 선택한 후 저장해야 한다. 해당 방식은 주변 점에서 계산된 온도를 통해 다른 곳의 온도가 계산되는 방식을 뜻한다.

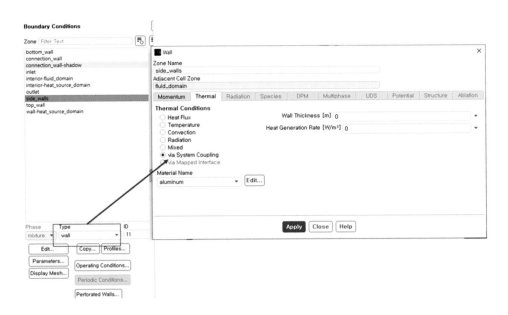

그림 4.4.6 B.C 설정(via System coupling)

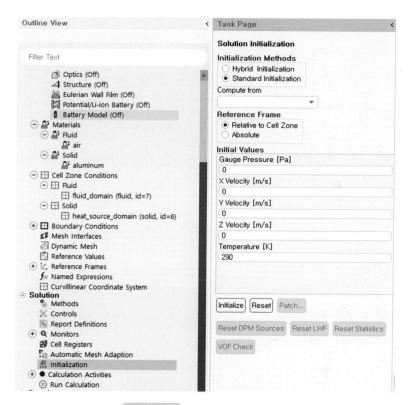

그림 4.4.7 Standard Initialization

    Boundary Condition까지 설정을 완료한 후 Initialization을 실시한
다. 해당 장에서는 Part.D 1장과 달리 Standard Initialization을 사용
한다. 그 이유는 주변 격자 2~n개의 값으로 계산을 수행하는 구조이기
때문에 Standard 조건을 사용하여 기준 온도를 정해주어야 발산하지
않고 수렴할 수 있으며, 계산 속도도 빨라지게 된다. Standard 조건은
그림 4.4.7과 같이 설정하여 진행한다. Initialization을 진행 후 그림
4.4.8과 같이 계산 횟수를 설정하여 계산을 수행한다.

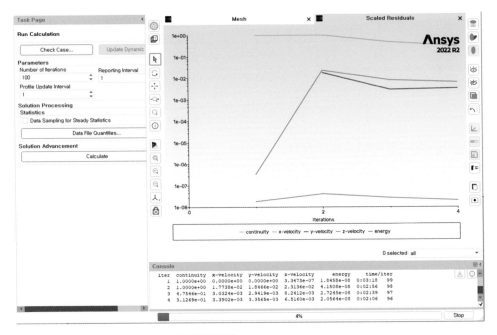

Run Calculation

계산을 완료 후 Save Project를 하여 계산 결과를 저장하고 Workbench
에 있는 Result(CFD-Post)를 실행하여 계산된 결과 값을 정리하여 나
타내야 한다. Fluent 내부에서도 계산 결과를 정리할 수 있는 기능이
존재하지만, 유동과 관련된 해석은 통합적으로 CFD-Post에서 정리 및
관리할 수 있으므로 CFD-Post에 익숙해지는 것을 권장한다.

Result를 실행하면 상단에 그림 4.4.9와 같은 버튼이 있다. 해당 버
튼 중 Contour와 Stream Line, Chart는 이번 4장에서 주요하게 다루
는 기능들이다.

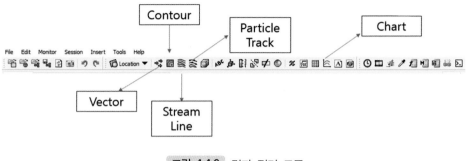

그림 4.4.9 결과 정리 도구

그림 4.4.9에서 Contour와 Stream Line, Vector는 일반적으로 사용되는 도구 들이다. 그림 4.4.10은 도구들을 사용하여 나타낸 결과를 모아서 나타낸 것이다. 그림 4.4.10(a)는 Vector를 사용하여 유속과 방향을 나타낸 것이고, 그림 4.4.10(b)는 공기의 속도를 Contour로 표현한 것이다. 또한 그림 4.4.10(c)는 zx축 방향으로 임의의 평면을 생성하여 해당 평면에서의 온도 변화를 표현한 그림이다. 그림 4.4.10(d)는 zx평면(y=0)에서의 온도 변화를 나타낸 것이다.

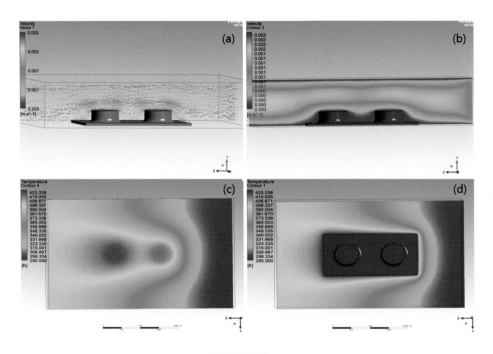

그림 4.4.10 해석 결과 정리

그림 4.4.10과 같이 도구를 사용하는 방법은 거의 동일하다. 그림
4.11은 Contour를 예시로 결과를 정리하는 방법을 나타내는 그림이다.

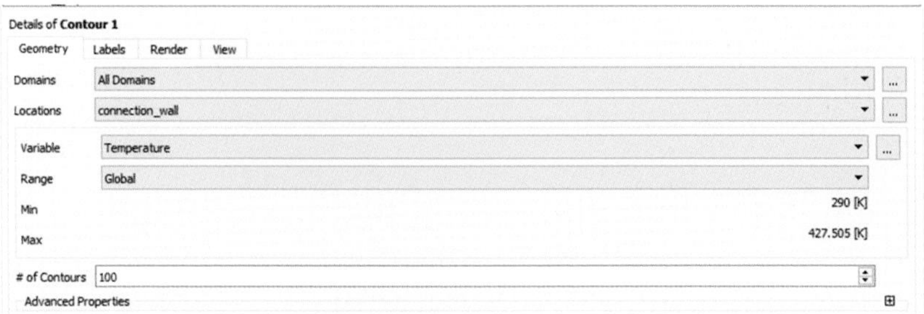

그림 4.4.11 Contour 예시

그림 4.4.11에서 표현할 Domain과 Locations를 지정한 후 표현하고 싶은 Variable을 선택하여 적용하면 자동으로 계산되어 그림 4.10과 같이 표현해준다. 여기서 Domain과 Locations에 사용되는 명칭은 격자 생성 시 지정한 이름을 그대로 사용하여 가지고 오기 때문에 사용자가 잊지 않을 수 있게 명명하는 것이 중요하다. # of Contours는 등고선의 개수를 정하는 항목으로 숫자가 높을수록 세밀한 결과를 볼 수 있으나 너무 많은 수를 정하여 적용시키면 오류로 CFD-Post가 종료될 수 있으니 조심하자. 그림 4.4.11에 나타낸 방법은 Stream Line, Vector와 동일하게 사용할 수 있다.

　그래픽으로 결과를 표시하는 방법은 결과를 분석하기에는 부족한 점이 있다. 따라서 지점의 결과 같은 그래프로 표현하는 방법에 대해서 소개하고자 한다. 그림 4.12와 같이 표현하고 싶은 지점에 평면을 생성하여 값을 추출하고 싶은 지점을 Line으로 생성하여 표현하면 해당 지점의 값을 그래프로 표현할 수 있다.

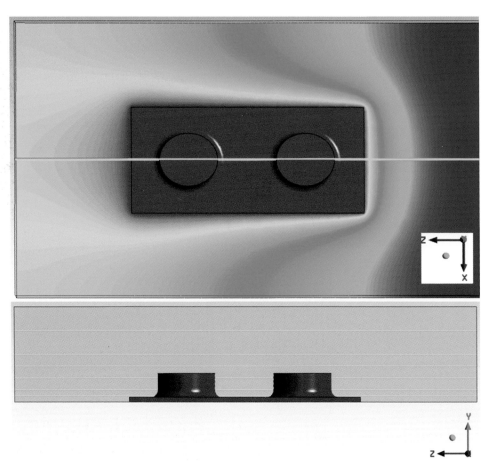

그림 4.4.12 데이터 추출을 위한 평면 생성 및 라인 생성

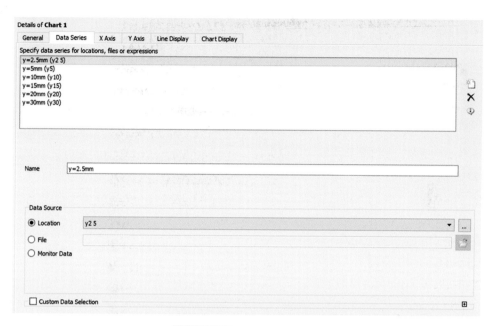

그림 4.4.13 추출한 데이터를 변환하는 과정

    그림 4.4.13은 그림 4.4.12에서 추출한 Line을 데이터로 변화하는 과정을 나타내는 과정이다. Data Source는 4.4.12에서 생성한 라인을 삽입하고 이름을 명명하여 추가하면 데이터가 자동적으로 추출된다. 이러한 과정을 4.4.13에서 생성한 Line 전부 삽입하여 추출한 후 Chart를 생성하면 그림 4.4.14와 같은 결과를 얻을 수 있다.

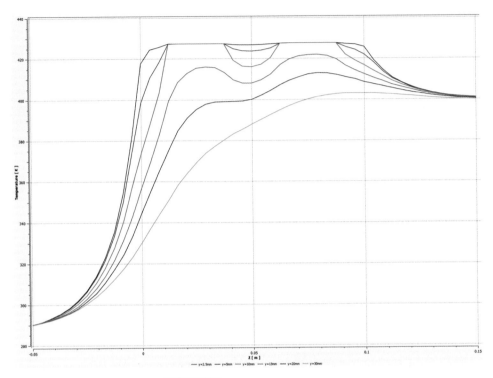

그림 4.4.13 추출한 데이터를 활용한 Chart 생성

해당 장에서는 열원과 공기사이에서 발생하는 대류열전달을 파악하는 모델을 생성하여 해석을 수행하였고, 그 결과를 정리하는 방법에 대해서 서술하였다. 결과를 정리하는 것에 사용한 CFD-Post는 Ansys 모듈에서 유동과 관련된 데이터를 정리하는 것에 특화되어 있는 도구로서 해당 장에서 배운 내용뿐만 아니라 추가적인 검색 및 실습을 통해 더 익숙해질 필요성이 있다.

벤츄리 펌프 유동해석

CHAPTER

5

5.1 해석 모델 및 실습

　　벤츄리 펌프는 외부 장치를 이용하지 않고 압력차를 활용하여 유량을 증폭시키는 역할을 하는 펌프 종류 중 하나이다. 임펠러나 기어를 이용하는 펌프와 달리 외부 전원을 사용하지 않아 고장의 위험이 적기 때문에 설비 보수가 어려운 지역이나 고정적으로 유량을 증가시킬 필요성이 있는 지역에서 자주 사용되는 펌프이다. 이러한 수력 펌프의 유동을 해석 도구를 사용해서 해석하고 분석하는 과정을 소개 하고자 한다.

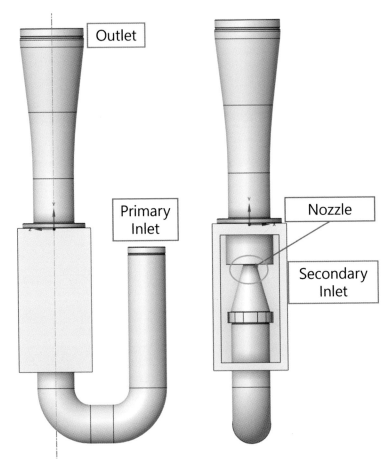

그림 4.5.1 벤츄리 펌프 3D 모델

우선 유동해석을 진행하기 위해서는 내부체적에 대한 지오메트리를 생성해야 한다. 내부 체적에 대해서 격자 생성을 진행해야만 유량의 움직임을 볼 수 있으며, 3D 모델을 활용하여 세세한 사전 처리 과정을 거쳐야 정확한 해석 결과를 얻을 수 있다. 내부체적을 추출하는 도구는 다양하지만 본 교재에서는 Ansys 모듈에 포함되어 있는 SpaceClaim이라는 도구를 활용하여 내부체적을 추출하는 과정을 소개한다.

그림 4.5.2 벤츄리 펌프 3D 모델 수정과정-1

그림 4.5.2와 같이 격자 모듈을 만든 후 지오메트리를 삽입하여 모델을 연다. 지오메트리를 삽입 한 후에는 SpaceClaim으로 실행시켜서 수정을 진행하여야 한다.

그림 4.5.3 벤츄리 펌프 3D 모델 수정과정-2

그림 4.5.3은 벤츄리 펌프의 내부체적을 생성하거나 질이 나쁜 격자가 생성되지 않도록 전처리 할 수 있는 도구들을 모아놓은 탭이다. 해당 탭에 있는 도구들을 활용하여 사용자가 원하는 결과를 정확하게 얻을 수 있게 내부체적을 생성해야 한다. 해당 벤츄리 펌프 모델에서는 다양한 부품들이 연결되어 있는 조립 모델이기 때문에 해당 도구들을 활용하여 부품들이 최대한 단일화된 형태로 만들어 주는 과정을 거쳐야 한다. 해당 기술은 다른 3D 모델 소프트웨어에서도 수정할 수 있으며, 해당 교제에서는 결합이라는 도구를 이용하여 각 부품의 단일화를 진행하였다. 단일화가 다 진행된 후에는 내부체적을 생성을 하게 되며, 그림 4.5.3에 Volume Extract이라는 도구를 활용하여 매뉴얼에 따라 내부체적을 생성하면 내부체적생성 과정은 끝나게 된다. 추가로 유동해석만을 진행하게 되는 경우에는 내부체적을 제외한 형상은 전부 물리적 제외처리를 실시해야 격자생성과정에서 시간을 단축할 수 있으며, 가시적으로도 격자 생성이 잘 되었는지 판단여부를 쉽게 결정할 수 있어서 꼭 하는 것을 추천한다.

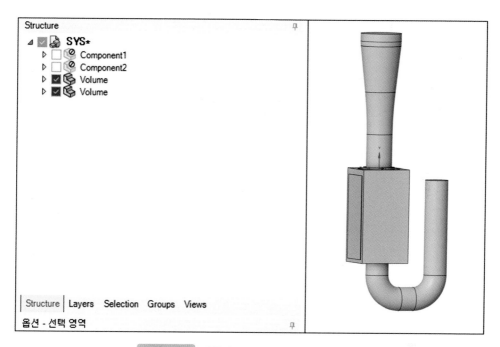

그림 4.5.4 벤츄리 펌프 3D 모델 수정과정-3

그림 4.5.4와 같이 물리적인 형상은 물리적 제외 처리를 한 후 설정을 진행하는 것을 권장한다. 해당 모델에서는 U자 관과 노즐이 있는 부분을 한 파트로 지정하였고, Secondary 입구와 출구가 있는 부분을 한 파트로 지정하여 2개의 파트로 나눈 후 내부체적을 생성하였고, 다음과 같이 한 이유는 노즐에서 발생하는 압력차로 인해 Secondary 입구에서 물이 흡입되는 현상이 발생하기 때문에 노즐에서의 유동과 압력이 중요한 이슈이기 때문에 해당 부분을 자세히 확인하기 위해서 구역을 구분짓기 위한 조치이다.

내부체적 생성이 끝난 후에는 그림 4.5.2에 있는 Mesh를 실행하여 격자생성을 실시하면 된다. 해석연산 툴은 CFX를 활용하여 진행되므로

그림 4.5.5와 같이 솔버를 설정하여 격자를 생성하면 그림 4.5.6과 같이 격자생성 결과를 얻을 수 있다.

그림 4.5.5 벤츄리 펌프 격자 생성

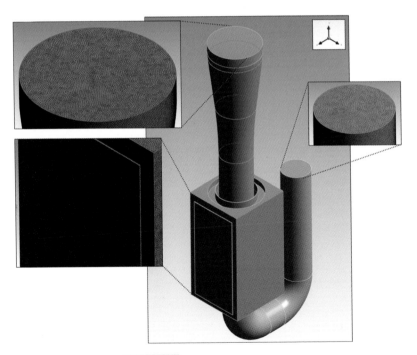

그림 4.5.6 벤츄리 펌프 격자 생성

격자 생성이 끝났다면 연산 도구는 CFX를 워크벤치에서 꺼내어 설정을 진행하면 된다. 연산도구인 CFX는 현재 잘 알려진 Fluent보다 기능은 적고 조금 더 오래전에 개발되어진 연산 도구이지만 Fluent에 비해 연산 속도가 빠르고 Fluent와 수치적 오차가 크게 발생되지 않기 때문에 간단한 유동 해석 또는 복잡한 문제가 아닌 경우에 활용할 것을 추천한다. 또한 Fluent나 CFX는 결국 Ansys 모듈 중 하나인 CFD-Post에서 결과를 확인 할 수 있기 때문에 크게 차이점이 있지 않다. 다만 Fluent는 하나의 모듈에서 가시적인 결과 확인, 자동 격자 생성 지원 등등 부가적인 기능이 많아 사용자가 쉽게 접근할 수 있는 장점이 있으나, 편의성이 많아진 만큼 프로그램 자체의 리소스 소모가 많아 연산 속도가 상대적으로 오래 걸리는 경향이 많기 때문에 시간 자원의 중요성이 큰 해석 과제에서는 CFX를 조금 더 추천하는 편이다. 다만 Fluent의 경우, 사용자가 직접 정의한 함수(UDF)와 다양한 방정식 설정이 가능하기 때문에 세밀하게 볼 경우에는 Fluent를 활용하여 연산을 진행하는 것이 타당하다. 격자 생성이 끝난 후에는 그림 4.5.7과 같이 Mesh를 드래그하여 CFX의 Setup으로 끌어 놓으면 Mesh의 격자 정보가 CFX로 공유되는 형태로 진행되며, 해당 기능을 통해 하나의 격자를 생성한 후 다양한 조건으로 연산 조건설정이 가능하다.

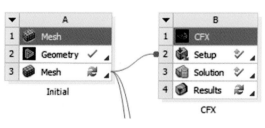

그림 4.5.7 격자정보 공유

격자 정보를 공유한 후 Setup을 실행하면 그림 4.5.8과 같이 격자 정보가 공유된다.

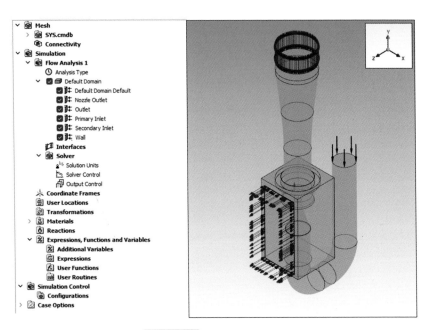

그림 4.5.8 연산조건 설정-1

처음 실행하면 그림 4.5.8과 같이 격자 정보는 공유되지만 연산 조건은 사용자가 직접 설정해야 한다. 설정한 다음 표와 같다.

[표 4.5.1] 해석 연산조건 정리

작동 유체	Primary Inlet	Secondary Inlet	Outlet
물	12 bar	대기압	Opening

내부체적 생성 과정에서 파트를 2 부분으로 나눠 진행하였기 때문에
노즐 부분과 수력펌프의 탱크 부분이 만나는 부분에 Interface 설정을
진행하여 두 파트를 연결하는 과정을 거쳐야 정확한 연산결과를 얻을
수 있다는 점을 주의하여야 한다.

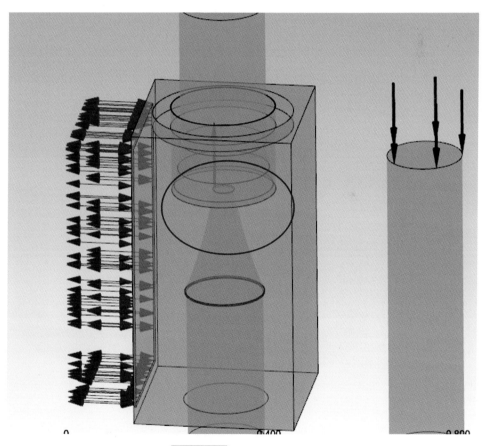

그림 4.5.9 연산조건 설정-2

설정 조건과 같이 설정을 마친 후 연산을 진행하면 그림 4.5.10과 같은 결과를 얻을 수 있다. CFD-Post 모듈을 이용하여 결과를 확인할 수 있으며, 평면 생성을 통해 그림 4.5.10과 같이 간단하게 표현 할 수 있다.

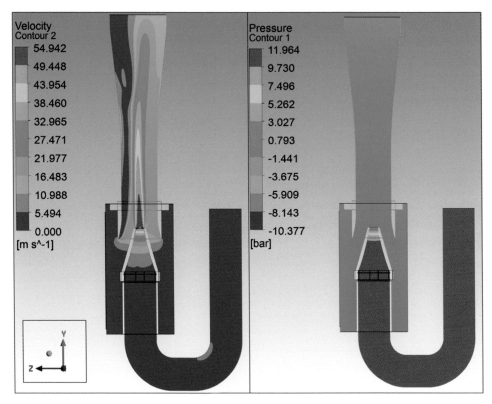

그림 4.5.10 연산 결과 정리

그림 4.5.10을 보면 Primary Inlet 조건과 같이 12 bar를 유지하는 것을 알 수 있고, 노즐 부분에서 압력이 변하는 것을 확인 할 수 있다. 압력이 풀리면서 노즐 부분에서 속도가 급격하게 증가하는 것을 확인

할 수 있으며, 속도가 급격하게 증가하면서 노즐 양 옆으로 물이 배기관 쪽으로 흡입되어 속도가 증가하는 것을 확인할 수 있어서 정상적으로 연산이 진행된 것을 간단하게 확인할 수 있다.

　본 장에서는 유동해석을 위한 과정을 간단하게 설명하였고, 해석 과정에서 중요한 내부체적 생성과정에 대해서 언급하였다. 내부체적 생성은 올바른 유동해석을 진행하기 위해 사용자가 신중하게 생각하고 진행해야 하는 중요한 과정 중 과정이다. 내부체적이 올바르게 생성되지 않으면 사용자가 원하는 결과가 재대로 연산되지 않을 수 있기 때문에 절차를 제대로 숙지하여 올바른 결과를 얻을 수 있도록 해야 한다.

찾아보기

저자 프로필

이승배

이승배는 서울대학교 기계공학과를 졸업하고, UCLA 대학원에서 공력소음분야 연구로 공학박사를 취득하였다. 이후 대기업연구소에서 다양한 제품설계해석을 수행하였고, 1996년부터 인하대학교 기계공학과에서 강의하면서 국내외 가전, 자동차, 설비업체 등과 함께 다중물리해석을 적용한 제품개발에 기여해 왔다. 최근 10여년 동안 산업통상자원부 한국산업기술진흥원(KIAT)의 "스마트건설기계RND"와 "3D기반건설기계설계해석" 전문인력양성사업단 인하대 사업단장으로 또한 미세먼지연구센터장으로 다양한 공학적 물리영역 연구에 전념해 오고 있다.

이철희

이철희는 미국 일리노이 대학교 어바나 샴페인에서 기계공학 박사학위를 취득했으며, 현대자동차와 미국 캐터필러 연구소에서 10년 이상 설계 및 가상제품개발의 산업현장 분야에서 일하였다. 2007년부터 인하대학교 기계공학과 교수로 재직하면서 기계 설계, 최적 설계, 트라이볼로지를 강의하면서, 그의 연구는 수송 기계의 최적 설계, 가상제품개발, 인공지능 및 자율제어에 중점을 두고 있다. 현재 인하대학교 산하 스마트로봇건설기계연구소의 연구소장으로 첨단수송기계설계 및 제어(Advanced Vehicle Design & Control) 연구실을 운영 중에 있으며, 이 분야에서 100편 이상의 특허와 논문을 발표한 바 있다.